人生太短，不要明白太晚

吴丹　著

中华工商联合出版社

图书在版编目(CIP)数据

人生太短，不要明白太晚 / 吴丹著. -- 北京：中华工商联合出版社，2014.9

ISBN 978-7-5158-1000-3

Ⅰ.①人… Ⅱ.①吴… Ⅲ.①人生哲学－通俗读物
Ⅳ.①B821-49

中国版本图书馆CIP数据核字（2014）第 156071 号

人生太短，不要明白太晚

作　　者：	吴　丹	
出 品 人：	徐　潜	
责任编辑：	胡小英　　邵桄炜	
封面设计：	周　源	
责任审读：	李　征	
责任印制：	迈致红	
出版发行：	中华工商联合出版社有限责任公司	
印　　刷：	唐山富达印务有限公司	
版　　次：	2014年9月第1版	
印　　次：	2022年2月第2次印刷	
开　　本：	880mm×1230mm　1/32	
字　　数：	230千字	
印　　张：	6.5	
书　　号：	ISBN 978-7-5158-1000-3	
定　　价：	48.00元	

服务热线：010-58301130
销售热线：010-58302813
地址邮编：北京市西城区西环广场A座
　　　　　　19-20层，100044
http://www.chgslcbs.cn
E-mail: cicap1202@sina.com(营销中心)
E-mail: gslzbs@sina.com(总编室)

工商联版图书
版权所有　侵权必究

前　言

PREFACE

关于生命与时间，我曾经看到过这样一句话："这个世界上只有两件事是公平的，一件是每个人每天都只有24个小时，另一件是每个人都要面对死亡。"在看到这句话之前，我一直固执地以为，生活不过是风趣地开着悲伤的玩笑，只要麻木些，冷漠些，就可以不受它的控制。后来，我发现自己想错了，不是别人动摇了你的世界，而是自己先倒下了。

时间是个卑鄙的情人，当你不在意时，他讨好似地来到你身边，为你带来快乐，带来成长的喜悦；当你为他所吸引并渐渐喜欢上他，他会变魔术般地为你染红春天的生机大地，装饰冬天的银装世界；当你爱上他时，他却什么也不说，无情地离你而去。只留下满脸沧桑的你，当风儿从耳边呼啸而过，悲伤地听说"来不及讲再见"。

生命是个温柔的家人，自你诞生的那一刻起，他就陪在你的身边，陪你笑陪你哭；在你青春期时，他忍受你的抗拒，为你付出一切所有；在你成熟以后，他就会变得脆弱，变得不堪一击，直到离你而去。生命是如此残忍的一幕幕瞬间，经历过一次就够受了。

无论我们生活得好与不好，开心或不开心，贫穷还是富有，在上帝那里，我们借来了同样的时光，谁都没有特权多得一些。

时间与生命都是沉重的话题，人们善于谈论它，却从来不敢妄下结论。本书涵盖了死亡、快乐、情感、欲望、宽容、梦想、希望、珍惜、缘分、执念等诸多方面。从这些经常被我们重视又被我们忽视的方方面面中，让我们共同来研究人生的真谛。写下这本书，只为给自己一个人生的方向，在未来的途中，若亦能与诸君共勉，甚是欣慰！

我知道，就算我苦思冥想半辈子，都不能将人生写尽，更不能找到一条无痕的人生道路。这便是命运的伟大之处：变幻莫测，不失神秘。我若能看到命运的末梢，对于我自己来说，已经是莫大的荣幸了。

逝者不可追，来者犹未卜。人生如此短暂，值得我们奉上所有的智慧，来参透它的意义之存在。

在本书编写过程中，陶也、王帅、金跃军、李丽、吴春雷、杨忠、高红敏、龚学刚、张丹、郑海、才永发、俞志荣等人参与了资料的收集、整理工作，在此一并向他们表示衷心的感谢。

吴 丹

2014年8月

目 录
CONTENTS

第一章 让我们心碎前相拥

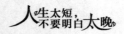
第二章 ┊ 趁我依然充满力量

第三章 ┊ 其实我并不是善忘

┊第四章┊ 我们都忘了爱自己

┊第五章┊ 千万个于心不忍

第六章 我们可以歇会儿吗?

第七章 渡洋过海而来

第八章　有一种爱使人勇敢

第一章
CHAPTER ONE

让我们心碎前相拥

　　我时常在想，上帝赐予我这副身躯是为了什么。在一场敏感而无法平静的战争中，无数的情感、争夺、愤怒、欢愉、声音、美景都曾停留在最美丽的片刻。就像最初为爱付出的人们，总是希望献出自己最美好的东西。可不知从何时起，我渡洋过海而来，迷失在辽阔的荒原，变得像个流浪儿。

　　心中承载了太多破旧不堪的往事，还有一些烦扰情绪的东西。每每提到"不可一世的作为"，我就会想起那些意气勃发的轻狂岁月。那样的人生看起来总是幼稚和轻浮，有时会感到彷徨，有时会感到无助，被指责，被鄙夷，却往往开心了自己。

　　由于习惯了起伏不定、阴晴圆缺的青春，才以为那是永远不会离开的撼天力量。所以，才会忽视了那些已经匆匆流逝的日月。直到很久之后才明白，那匆匆飞逝的不是时光，而是曾经的我们。

　　惶恐间，我遇见人生，假使未来的路上真如世人所说"路途坎坷"，那么，就让我和人生在心碎前相拥。

献给我日夜想念的你

有个疯子，许多人都认为他疯掉了，就连他自己有一阵子也曾怀疑过他的精神是否正常。不知他是不是心中充满了愤怒、委屈或无奈，总之，他总有很多话要写。他整日整夜地写信，给天下每一个人写信。这让他着迷。

他写给杂志、知名人士、亲朋好友，最后连去世的人也不例外。他先是写给和自己有关系的无名之辈，抱怨或者感谢他们的所作所为，末了还写给那些已经作了古的大名鼎鼎的人物。

他是美国著名小说家索尔·贝娄的长篇小说《赫索格》中的主人公。故事的最后，他放弃了热爱的写信，从此只字不写。我想，他是孤独的，他一定是对世界，对所有他觉得能听懂他倾诉的人失望了。

有个疯子，只有他怀疑自己精神失常，因为他总是在写信，在心中，在纸上，在手机上。或许，满腔全是诉说，只是谁又能静下心来听听？这个疯子就是我，也是每一位"终朝只恨聚无多"的朋友们。

我曾认为在这个世界上只有亲情是永恒的，那是在我的孩童时代，全世界都是父母高大的身影和温柔的微笑。

我曾认为在这个世界上只有友情是永恒的，那是在我青少年时代，脑海中全是朋友仗义的付出和幼稚的欺骗。

我曾认为在这个世界上只有爱情是永恒的，那是在我的成人时期，心里满载的那些爱啊，是令我久久不能忘却的回忆和伤痛。

然而，当我们回到各自的世界，那些相遇就好像梦一样。兜兜转转，我以为自己不会被寂寞的空虚和世俗的罪恶所羁绊，能够从中脱离出来而不必忍受许许多多的痛苦。可是，让我日夜思念的你啊，总是让我甘心承受桎梏般的束缚，如此才让我不被麻木吞噬掉。

你是我熟悉又陌生的情人，你的名字叫"人生"。你对我那样重要，才使我从来不敢忘记，我怕把你忘记之后再也找不到自己，也怕把你忘记之后再也回不到过去。

你知道吗？人们总是怨恨未能享受到令人心醉神迷的时刻，总是遗憾被阻碍而未实现的成功和幸福，总是伪装掩饰后依旧存在的暴虐、折磨还有执着，总是承诺不能履行的约定，却唯独不说自己是由于懒惰、由于恐惧、由于麻木，我是一样。

现在，我想和你相遇，再真挚地向你致歉，为了那些被我辜负过的年少岁月。可是，你会来和我相见吗？还是说，你要一直站在我的身后，注视我？

"假如我今生无缘遇到你，就让我永远感到恨不相逢，让我念念不忘，让我在醒时梦中都怀带着这悲哀的苦痛。"窗棂上，那摇摆的树枝是你吗？雪地里，那深浅的脚印是你吗？我也并不是非得恨不相逢，因为我知道，你映不进我的眼眶，却一直在我的身边。我会假装你一直陪着我，假装你我拥有同一个过往，共同走过寒冬迎接春夏。我会假装你是我隐形般的恋人，然后祝福你一生幸福！

讲述着听不懂的真理

偶然间，我经过母校门口，恰逢学生放学。成群结队的中学生穿着校服，迎着正午的骄阳，映着他们的笑容，似乎全世界的烦恼都与他们无关。

人总是喜欢怀旧，我也一样。忽然就想起了离开校园的那个夏季。我们忍着泪水相互告别，发现老师也变得温和了许多，不再苦口婆心地劝告我们珍惜时间，而是祝福我们以后要好好努力。

谁都知道，学生和老师是"天敌"，只是，时光荏苒，那些心惊肉跳的"猫捉老鼠"的日子也变得那么幸福。

过去，我们总是责怪老师布置了写不完的作业，责怪老师上课又提问了根本不会回答的问题，责怪老师下课铃响了还无意识地拖堂。我们总是故意坐在最后排，总是故意不写作业以示反抗，总是不到下课就从后门逃出去。可那些我们再也回不去的日子，谁也没去珍惜。

记得有一次月考过后，老师在班会上又老生常谈起来："同学们，这次我们班的成绩不错，超过隔壁班了啊。下次考试你们一定得加把劲，争取进入全校前三名！……"

讲台下一阵骚动，除了刚开始老师宣布的重要事项，其他的话语一概拒绝入耳。同桌开始拿出小镜子悄悄放在英语书里，欣赏起她那不算美丽但充满青春气息的脸。后桌正和他同桌小声嘟囔着："他咋还不走？整天上班里来念经！"谁料，他同桌根本没听老师在讲什么，而是戴着耳机听着音乐，看见有人和他说话，也没来得及拿掉耳机，便张嘴问了一句："你说什么？"

由于他戴着耳机听音乐的声音很大，所以说话声音竟然超过了班主任！全班同学瞬间安静了下来，全都惊恐地看看班主任又看看他。这位同学似乎也知道自己犯错误了，赶紧拿下了耳机。可班主任还是发现了，要求他上交了MP3，罚写一份检讨。

这时的班主任显然有些着急了，对我们说道："要我说多少遍你们才肯听？眼看着这一年又要过去了，你们扪心自问，有谁在这一年里，好好珍惜了这校园的时光？有谁珍惜了应该学习的课堂？你们知不知道，有多少人羡慕你们？这样的豆蔻年华，错过了就不会再回来了！就算有钱、有名、有利，就算你们哥们义气重，姐妹情谊深，那又怎么样，时光不等人！"台下的我们只知道老师又发怒了，以后小心为妙，哪知道他说的句句是真理呀！

转眼间，我们都已经长大成人，有些人找到了不错的工作，有些人坠入了爱河，有些人劳碌奔波，有些人为考研拼搏。我们都想再回到那个属于青春的课堂，却懂得了那其实是奢望。老师和学生其实是最好的搭档，却因为我们的年少轻狂而荒废了这段最美好的时光。

这么多年，我从未回母校看望过老师，但我知道，他们一定正在课堂上，忍受着粉笔末粉尘的摧残，忍受着那些总爱起哄的学生，忍受着时光再次流逝，无怨无悔地讲课。

　　只是，直到现在我才明白，学校教书育人，并不仅仅是教授课本上的知识和答题技巧，还有每一拨学生所拥有的老师苦口婆心的教导。只是我们从未真正发觉，老师其实是盼望我们都好的。

　　现在回想起那句"你们也不想想，有多少人羡慕你们啊？"的时候，我总是会尴尬地苦笑，从被人羡慕到羡慕他人，经过了多少不知不觉的岁月。偶尔，我还会想起老师们那些经典语录——"整栋楼就你们班最乱！""别以为我看不见你啊！""今天谁值日啊？"每每想到这些可爱的唠叨，我都在想，如今没有人再告诉我时光不待人，没有人再告诉我该珍惜眼前事，我是不是该一直记着过去那些一直听、却总是听不懂的真理，好好珍惜地走下去呢？

那些说来悲伤的话语

日子过久了，有些事情如期而至，我们却学会了闪躲。曾经勇敢冲动的我们最先学会的竟然不是珍惜，而是退缩，还美其名曰：成熟。

不知从何时开始，我便不敢再同父母顶撞，不敢再同朋友吵架，不敢再同领导争论。久而久之，我被"外圆内方"的理论征服，开始做一个温顺的人。这样做的好处就是，赢得了所有人的认同和尊重，好评如潮。只是，猛然间回头，却早已不见了自己。

有些话，不敢再提；有些事，不敢再想；有些情感，不敢再碰。当我们心中迸发出一股热情，想去付诸实践时，总有另一个声音在说："你已经错过了年少如花的年纪，这件事已经没有意义了。"怀着一颗遗憾的心，放弃了许多看起来毫无价值的事情，又获得了无数好评。

可是，那些跟随我们而来的美好时光，又怎么会一直等待我们回头再寻找它呢？它原本带来了许多欢乐的事情，却因为被我们看作"没有价值"而遭到拒绝。我看不到它失望的表情，但我知道自己的内心，是一次又一次的失望。

那些说来悲伤的话语，那些说来悲伤的故事，本身并不是悲剧的结果，而悲剧是我们无法再去尝试。有些话，我们试着不说，开始试着忘记，比如对某某某说的"我爱你"，对某某某说的"对不起"。书中写道："当年相知未回首，空叹年华似水流"，我不敢直视，唯恐那些说来悲伤的话语再被提起。

幸运的是，越来越多的人开始变得勇敢，用勇敢影响更多的人。朋友前些天给我讲了这样一个故事：

国外有位花甲之年的老人，突然对摩托飙车产生了浓厚的兴趣。周围的邻居对他极其不理解，一个患有心脏病、糖尿病的老爷子怎么会想要玩这么危险的飙车？

自从老人决定练习摩托飙车之后，他家周围就没安静过，早上天刚亮就能听见他围着小区骑摩托车的声音。邻居觉得非常不可思议，这样做不光干扰其他人休息，而且万一出现突发事件，谁也担当不起。唯独有一个七岁的小男孩，每天都陪他一起玩。

小男孩好奇老人能尝试自己想做的事情，就问他："你为什么不在年轻的时候尝试摩托飙车，那样的话你现在就可以享受生活啦，也不至于为了这个理想把身体折腾得快要散架了！"

老头笑着问道："哦，贝克，你可能不知道，我在年轻的时候，虚度了许多光阴。"

"虚度光阴？怎么可能？我们每个人都拥有足够的时间呀。"小男孩不解地问。

"像你这么大的时候，我也是这么想的，可当我为了更好的生活放弃了勇敢，年轻的时光已经离我远去。贝克，幸运的是，我现在终于理解什么叫做不负此生了，那就是勇敢。"

"就像我敢于爬上那棵梧桐树一样勇敢？"贝克指着街边的梧桐树说道。

"对，就是那么勇敢。"

"可妈妈说，那样做是危险的，从那以后我再也不爬了。"

"那可真遗憾，你再也不能从梧桐树上看风景了。当然，你也可以选择冒着危险爬上去看风景。"

故事讲到这里，让我想起一句话："无法预测的命运之途上，总有些青春要辜负，而那些被辜负过的梦想，只要努力，都一定会来得及再次背上人生的行囊。"

我终于懂得了"人生太短，就算再危险，也要勇敢一次"的道理。我想，故事中的小孩子也一定会重新做回勇敢的自己。而我们，是否能不畏惧伤害和失败，勇敢一次？让那些不因结局而悲伤的故事，变成精彩的不悔？

真正飞逝的是我们

我们总说，岁月如梭，容易飞逝，却不知道真正飞逝的是我们。唐朝有位博陵人，名叫崔护。关于他的故事，流传已久。

崔护资质聪慧，性格孤洁寡合，这一年，他应举进士及第。清明时节，他孤身来到都城南郊外，偶遇一户庄园，院内花木丛生，寂若无人。崔护上前敲了敲门，一位女子从门缝中向外观瞧，便问道："谁呀？"崔护报上名字，说明缘由："我孤身出来春游，来到此地忽觉口渴，能不能求些水喝？"

女子请他进去坐，自己则独倚小桃树静立，对崔护怀有情愫。她颇具姿色，神态妩媚，可是崔护用话逗她，她却默默不语。两人注视许久之后，崔护怅然而归，决定不再去见她。

又是一年清明日，空气中开始流动起各种有关清明时分的情节，于是，崔护又想起了去年清明偶遇的女孩。思念无法抑制，所以直奔都城南郊。一如既往的门庭庄园，却不见她的身影。大门已经上了锁，好像一切都和他无关。也许，所有应被我们珍惜却忽略的事物都不会永远等待我们的幡然醒悟吧。

"去年今日此门中，人面桃花相映红。人面不知何处去，桃花依旧笑春风。"去年清明日，崔护只是独游都城南，谁料在此偶遇。一杯清水，醉了人儿。今年清明日，崔护只是单纯寻找桃面人，谁料在此绝缘。满园桃花依旧，春风却像在哭诉。懂得的人都知道，那般花木扶疏的门户仍在，面如桃花的女子却已离去。

惬意地躺在床上，又开始对着月光任意畅想。无尽的岁月诉不尽万世沧桑，唯有明月照古今。崔护的桃花美人，陆游的沈园遗憾，梁山伯与祝英台的生死相随，都逃不过这轮明亮的眼睛。

数百年前的今日，或许就在我生活的这片土地上，静立一名男子，他玉树临风、潇洒俊俏，若有所思地观望着月亮。耳边传来一阵无比清脆的箫声，侧目望去，柳树上端坐着一位身材曼妙、粉衣长发、美绝人寰的妙龄少女。映着月光，女子带着冷冷的笑意，看似难以接近，男子却抵挡不住对她的痴迷，哦，这是月亮惹的祸。

只是，那些爱得深沉、爱得疼痛的故事，早已随着故事中的人们飞逝，再也寻不见。尽情去浪漫的人们早已化作尘土，转世也好，升仙也好，都不复存在。

于是我想，如果我能在转瞬飞逝的一生中，抓住那个我爱上的人，该多好！即便他并非我的缘分，即便他与我萍水相逢，我也一定会珍惜他。假如这场遇见真是月亮惹的祸，就请它按下快门，记录那一刻的喜爱，因为懂得了无数幻灭的生命，才明白，那一刻有多难得。

混浊难熬的日子

我希望端着一杯不温不热的香茶待在午后享受阳光的沐浴，洗去一生中所有的污浊与迷恋。那些自认为混浊难熬的日子，终将会离我们远去，就像从未铺天盖地而来。

生命来之不易，更加难以维持。奇怪的是那些曾经让我们哭泣的事情，总有一天会被我们笑着说出来。

突然之间想起这么一个故事：王鑫和李妮是一对生活贫穷的打工者。在这个看似平凡的世界里，他们有着不一样的岁月。王鑫在当地一家建筑工地找了一份搬运工的工作。李妮则在处理好家务之余，到附近找点零活贴补家用。说起来，李妮和王鑫也算是患难夫妻，唯一的一个孩子放在老家让老母亲照顾。

这一年的冬天格外地冷，傍晚，小两口正在家里吃晚饭。李妮望着窗外张城家的烟囱，眼泪不听话地涌出了眼眶。为了省下取暖费和买煤的钱，他们从来没住过暖和的房间。李妮正端着碗，向往张城家的温暖时，突然响起了敲门声。

李妮赶紧放下碗筷，擦了擦眼泪，打开门一看，门外站着一个冻僵了的老头，手里还提着一篮子鸡蛋。那双冻得通红的大手礼貌性地把帽檐往上抬了抬，露出了一双有些浑浊的眼睛。看得出来，这位老人已经很疲惫了。

"您需要买点鸡蛋吗？"老人的目光扫到了李妮身穿的又旧又单薄的棉袄上面，神情黯淡了不少。

李妮没想到老人会这样问，一时间语塞，王鑫或许是听到了他们的谈话，快速地走了出来，对老人热情地说："当然要啊，我们正需要些鸡蛋呢！快请进！"

老人浑浊的眼睛瞬间闪过一丝明亮，激动得不知道该走还是该留。最终，在王鑫的邀请下，老人才迈进王鑫贫穷的家。

老人说："我也是不得已，孙子的爸妈出门打工，老伴头年去世，家里只剩下我一个人了。这么冷的天，想给孙子买个棉袄，但是钱不够。"老人边说边使劲地搓着手，看得出来，他很拘谨。

李妮看王鑫的表情，马上明白了丈夫的意思。可是，自己再冷也舍不得买件棉袄，哪有钱再帮助别人？看看丈夫，已经拿出了一百元钱！这些鸡蛋也就值十元呀！李妮心里这样想，但转念一想，自己的孩子在家里比老人的孙子也强不到哪里去，帮助别人也是为自己积福。

丈夫送走老人，抱住了李妮，他看得出来老婆有些心疼。他温柔地说："在这个世界上，只有穷人才能理解穷人的痛苦，也只有穷人能够全心全意地去帮助穷人。假如今天是我站在别人家门口，你也一定希望那家人是善良的。我虽然穷，但只要我们心存善念，老天会眷顾我们的！"

　　李妮专注地看着丈夫，想想当年正是因为丈夫的善良才爱上他的，她笑着说道："日子虽苦，我们一样过得很幸福，这就是善良换来的恩赐吧！"她轻轻关上了门。

　　有一天终会发现，无论我们怎么去努力，生活始终混浊难熬。天灾、人祸，每天都在发生，或许人们会抱怨，却不能避免。

　　只是，我们总觉得幸福美好的日子在后头，却忽略了身处其中的欢愉。原来，混浊难熬的不是日子，而是那颗混浊难熬的心灵。

　　总有一天，我们不再拥有生命，化作一撮尘土，聆听大自然美妙的呼唤。那时才发现，纵使劫难不走，那些流着泪走过的日子也依旧幸福。空气中传来的溪水潺潺声、秋蝉鸣叫声、冬风呼啸声，都是一声声对生命的感叹。

　　而当我们回想起混浊难熬的日子，突然会发现：原来一辈子积攒下最昂贵的财富竟是一生苦难的故事。当我们从这副身躯中离开时，能带走的一定也只是这些东西。当生命遇到再也没有痛苦的"万劫不复"之时，便是生命的终点。

她说自己独一无二

江南城的小镇上，有一处酒吧夜夜爆满，听说很多镇子里的居民喜欢到那里去听她唱歌。而关于她的故事，也在镇子附近传开了。

14岁时，她第一次在电视上看到歌手唱歌，那种光环一直诱惑着她。从此，她有了自己的梦想——当一名职业歌手。

为了实现这个梦想，她每天一大早就跑到小河边练唱，却总是听见路过的人小声嘲笑："她也太不自量力了吧？五音不全还要唱歌，这水都被污染了！再说，也不看看自己几斤几两，长得那么丑，还一嘴龅牙，想当歌手真是痴人说梦！"

开始时，她听到这样的讽刺会马上掩面跑回家，一顿痛哭。照照镜子，自己果然生得很难看。难道要为不可改变的事实而放弃自己的梦想吗？她无数次问自己。有段时间，她真的不再去河边唱歌，也不敢在别人面前唱歌了。渐渐地，人们把她忘在了脑后。

日子一天天过着，河水也缓缓地流淌着，树叶从干枯变成繁茂。一天早上，阳光正好，路过的居民发现她又在练歌！原来嘲笑过她的路人震惊了，因为她的歌声变得越来越有味道，是区别于其他歌手的那种旋律。

路人停下来专心地听她唱完一首歌再走，再也没有人嘲笑她的长相，也没人再提她能否当歌手。因为在大家的心中，她的歌声已经证明了她的实力。

五年的时间一转眼就过去了，她出落成一位身材苗条的姑娘，只是那嘴龅牙依然存在。但是人们忘记了她的丑陋，忘记了她的梦想，忘记了她无数个白天黑夜的歌唱，唯独记得她那不会被模仿的声音。

这一年，镇子里来了一位商人，在这里开了一家名叫"天籁"的酒吧。商人在门口贴出告示：招聘一名歌手。她终于等到了这个机会，在一个午后，她推开了酒吧的门。

"你应该知道，我们这里需要一名相貌美丽、歌声动听的歌手，可是你……"面试人员看到眼前这位姑娘，表情有些尴尬，根本不用说话，就已经暗示她不合格了。台下的客人也端着酒杯，嘲笑这位不自量力的姑娘，起哄的人越来越多，恨不得看着她从台上滚下来。

"先生，请让我唱一首歌吧！听完后再决定我是走是留。"她等这个机会已经很久了，根本不理会台下对她不屑一顾的客人和面试人员。

面试人员在她的苦苦哀求下，终于答应了。这是她第一次站在舞台上给这么多人唱歌，但她已经可以视若无人。一声轻哼从她的体内发出，震撼了在场所有的人，不管是刚才嘲笑她的人还是从未注意她的人，都被拉进了她营造的音乐天堂。一曲终结，赢得了全场的热烈掌声。然而，面试人员把她叫到一旁，对她说："你确实很有天赋，歌声真的非常美，但是……"面试人员指了指她的龅牙，没有直接说出"请你另谋高就吧！"

"为什么？就因为我的龅牙吗？可我觉得它并未阻止我的成长和唱歌呀。刚才客人们的掌声不是说明了一切吗？"她有些着急了。

有几个细心的客人发现了她，走过来邀请她再唱一曲，得知面试人员不打算聘用她也很气愤。最后，在数位客人的极力要求下，她终于圆了自己的梦想。

这已经是她在酒吧的第二年了，每天来听她唱歌的人很多，有人问她，为什么她能够不因外貌的缺陷而自卑，反而朝着自己的目标进步了。她回答得很简单："因为我是独一无二的，无论长得美还是长得丑。长相是上天赐予的，但上天不能阻止我实现价值的步伐。"

许多人都是自卑的，我也一样。因为怕被别人嘲笑，放弃了许多热爱的事情。但其实，那些我们无法改变的事实，无论你怎么掩饰都依然存在，无论你再怎么自卑，也不能得到任何怜悯。

而不管是生来的缺陷或者外表的丑陋，都只是暂时的。如果我们坚信自己是独一无二的人，那么别人也会越过你的表面缺陷，看到你内心的美丽世界。

生活无坚不摧

读高中的时候，我喜欢买各种杂志填补我空虚的时光。由于处事尚浅，多喜欢看一些诡异的故事，而非品味人生的哲理故事。《胆小鬼》《男生女生》《惊悚一族》等期刊是我当时的最爱，但还有一本杂志是我每月必买的——《萌芽》。

《萌芽》中有许多经典语录被我摘抄在精致的小本子里，至今已忘却不少，唯有一句话一直存在心底——"你的心坚不可摧，而生活无坚不摧"。

多么经典的一句话啊，我们无数坚强的情感、无数狂妄的倔强、无数迸发的鲜血，以为生活会因此而退缩，却不想生活不是盾也不是矛，但无坚不摧。

许多时候，我都在想，什么才是化解这份力量的解药。但是时至今日，我才明白什么是让生活拥有无坚不摧的力量。

有一次，我外出办事，途经某小区的时候看到这样一幕：一位大爷在小区里收破烂，一声声沙哑的呼喊响彻整个院子。他推着满载破烂的三轮车实在艰难，冬天的风刮在他的脸上，在拐弯处，三轮车上的塑料瓶子刮掉了一地。我急忙蹲下身帮助他捡塑料瓶，但还是有一些被风刮跑了。

他焦急地捡这边的塑料瓶，眼睛却盯着那边刚刚刮跑的瓶子，虽然一个瓶子卖不了一毛钱，但收集这些瓶子并不容易。事情发生的时候，三轮车旁有两个小孩在玩游戏，看到塑料瓶被刮跑，他们也急忙追出很远，把塑料瓶全捡回来了。这让老大爷感动不已，也许我们认为自己做了一件举手之劳的事情，但对于他来说，是一份很大的温暖。

在无坚不摧的生活当中，每个人都有帮助别人的力量。无论你发现了还是没发现，这份力量都会本能地显现出来，这份力量就是抗拒无坚不摧的解药——善良。

保持一颗善良的内心，你会发现即使生活如此多舛，心灵却不那么痛苦。我们不会在受到他人诽谤或者恶意中伤的时候感到不愉快，也不会在别人追名逐利的时候嫉恶如仇。

如果不是别人善意的帮助，我们根本无法生活在这个世界上。假如，你觉得那个死去的人不是你，你便不去在意，等你死去的时候，周围的人也会无动于衷。

所以，我始终觉得，即使"生活无坚不摧"，也还是可以用你"坚不可摧"的心顽固地抵抗摧残，那不是很简单的事情吗！

荒废的岁月

当我们挥手告别，就会明白，生命即使再长，也有逝去的日子。我们总是期盼时光可以倒流，却没有谁能真正穿越时空，回到当初那个趴在课桌上发呆的时刻。即便有人总是感叹：真想一觉醒来，自己还在小学课堂上。

有一个非常著名的故事，是关于乞丐和小女孩的：

在一个寒风呼啸的深夜，饥寒交迫的乞丐病倒在一家有钱人的门口。当他从地狱被拉回来时，看到的是一张"天使"的脸庞。他疑惑地想：我的一生碌碌无为，何德何能来到天堂？但是当他缓过神来才发现，自己正身处一个富丽堂皇的屋子，照顾自己的是一个小姑娘，不是什么天使。

小姑娘见他醒过来，便端来可口的饭菜，并关心地问他："你怎么样了？而且，你怎么落得如此落魄。"乞丐环视了四周，一脸悔恨地说："我曾经也和你一样富有啊！"小姑娘奇怪地问道："那你又怎么会落到如此下场？"

乞丐说："我和你一样富有的时候，从没想到自己会如此落魄。那个时候，我住着金碧辉煌的房子，吃各地的山珍海味，过着无忧无虑的生活。父母去世以后，给我留下不少财产，我当时就想，这些钱都够我花好几辈子了，根本不需要出去打工挣钱。从那以后，我便招呼了很多朋友，整天吃喝玩乐，没过多久，我就把家产挥霍的差不多了，说来也奇怪，自从我宣布没钱之后，一个朋友都没来找过我。我决定学着别人去找份工作，毕竟要为了以后考虑。然而，我万万没想到，在社会上立足是一件那么难的事情。我先是找了一份快递的工作，又找了一份在饭店的工作，可是又累又脏，我无法忍受，就辞职了。"

小姑娘又问道："你辞职了？那你打算做什么？"

乞丐又说："辞职之后，我就学着别人创业，心想还有点家底，拿出来做个生意。岂料，由于我学术不精，被别人骗得精光。才发现，我除了吃喝玩乐，其他的事情都不会做，连与人交际都差很远，学问少，处事经验也少，又好吃懒做，所以只好到处乞讨，但是这么多年过去了，我终于发现自己错了。"

小姑娘若有所思地点了点头，表示遗憾。她感叹道："如果生命可以重来就好了。"

"如果生命可以重来，我一定在有能力学习的时候，努力学习各方面的知识，以免以后上当受骗。我还要利用业余的时间发展小规模的事业，就算不成功，也还是有足够的资金重新来过。我一定要把所有的财产保留好，以便需要的时候应急。我要学一技之长，靠着自己的双手养活自己。在有生之年，娶一位善良的妻子，然后把余下的钱捐给需要帮助的人。"乞丐悔恨地说道。

"可惜你回不到原来了。"小姑娘耸了耸肩说。

"我也知道这是我的幻想。那些被我荒废过的岁月又怎么肯原谅我犯下这么大的错误。"乞丐追悔莫及。

那些被我们荒废的岁月又何尝不想原谅我们呢？只不过它奉命而来，奉命而去，纵使有太多不舍，它还是走了。我们只好追悔莫及，期待奇迹。其实，我们每个人都拥有无数财富，父母留给我们健康的身体和智慧的头脑就是最大的恩惠。如果乞丐能重新选择，我相信他肯定会选择健康的身体和智慧的头脑，而不是足够生活的财富。

很多人都忘记了，岁月的强大可以撼动命运，所以那些富足的人们也千万别一时自得，因为未来的路还很长，倘若不努力进步，很快就会被命运打倒。

这本就不是天堂

很多时候，我都会因为疲惫不堪的生活而埋怨生活的艰苦。我总是希望有一天能够尽情享乐，而不是每天都面对着重负荷的工作怨天怨地。像我一样，有很多很多的人渴望守株待兔，渴望不劳而获，希望有一天，上帝把我们接到天堂，让我们吃好喝好，为我们准备了人间不曾有过的美味和温馨的屋子。

安逸对我们来说，是极大的恩惠，但是安逸的生活并不是不劳作，不奉献，不努力。有时候，我们放假了，才发现还不如上班或者上学的时候舒服，最起码那个时候有事情可做。最起码，我们不用整天浑浑噩噩地度过，一点激情都没有。

某工地上围着一群人。原来，那个整天抱怨工作辛苦、生活枯燥的小张不慎从高层摔下，当场死亡了。工友们心有余悸，相互说着小张生前的种种。

小张家在陕西，这几年为了家庭生活，常年在外奔波。他总是对工友说："哎，这辈子算是完了，真想过几天无忧无虑、有吃有喝的日子。咱怎么就没出生在富人家里呢？"

说来奇怪，他去世后，灵魂来到了一座宫殿。宫殿富丽堂皇，正是他生前梦寐以求的住处，这时，宫殿的主人拿来一盘食物，里面应有尽有，想吃什么就有什么。

"我在人间受到了很多苦，甚至最后还被摔死。我只有一个请求，就是想在这里住下，辛苦了大半辈子，我想在这里有吃有喝地过无忧无虑的生活，请您一定要答应我。"小张突然跪在地上，向宫殿的主人乞求。

宫殿的主人笑着说："我这里本来就是你所向往的地方，没有工作，有吃有喝，想睡就睡。你在这里再合适不过了。我这里还有舒服的沙发、美味的食物，你也不必担心会有人来打扰你。你就在这里住下吧。"

小张马上愉快地答应了，开始的时候，小张除了吃就是睡，过得自在极了。心想，如果这是人间，相信谁都不会再抱怨了。但是，渐渐地，他发现这样的日子太没趣味了，于是找到宫殿的主人说："我现在过得非常好，除了吃就是睡，更没人来打扰我。可是我很无聊，失去了活着的动力，大脑也开始不活动了。您能不能想个办法，让我做点什么事情？"

"我这里从来就没有工作和劳苦，也没有地方需要你动脑筋呀。对不起，我不能够帮助你。"宫殿主人给出了否定的答案，让小张有些失望，但他还是接受了这一现实。

没过多久，小张真的再也忍不住了。他跑到宫殿主人那里说道："我实在受不了了，这样的日子简直不是享乐，而是痛苦的折磨啊！如果你不给我找份工作，还不如让我下地狱呢！"

"哈哈哈，这里本来就不是天堂，而是地狱啊。你把它想成了天堂？"宫殿的主人露出了一副诡异的模样，让小张不敢再说话了。

人就是奇怪的动物，总是不甘心自己拥有的东西，总是向往别人拥有的东西。但其实谁都不能做到完美，也不能全部拥有。如果你只想安逸，那么就算身在天堂也感觉像在地狱。如果你能平衡自己的内心，不以物喜，不以己悲。那么就算在地狱，也像在天堂。

第二章
CHAPTER TWO
趁我依然充满力量

　　我有一个愿望：我只求能在某天认认真真地向我的人生道歉。我的人生，它曾一股脑儿地将所有时间送给了我，而我却因为懒惰或惧怕麻烦而拖延着原本属于我的幸福与成功。

　　那些不请自来的痛楚总是迷惑着我的双眼，以至于看不清楚人生为我安排下的心醉神迷。迄今为止，我才发觉，那些所谓的胆怯、懦弱、固执才是最难缠的。

　　于是，我希望趁我依然充满力量的时候，能抵挡住它们的入侵。我想告诉我的人生：从来不曾认真地向您说声感谢，更未提过致歉。但看到如此宽宏大量的您，我愿意放下所有卑微的情感，向您表达我的爱意。愿您永远自由，永远幸福。

如果人生重新来过

　　小时候，我听过很多故事，前缀全是"很久很久以前"。那个时候，我以为所有的故事都是在很久很久以前发生的，却忽略了自己也在演绎着各种各样的故事。或许，在很久很久以后，我们的人生也会被拿出来当作故事，被崇拜或者被嘲笑。但是，我的人生，会不会恰好如了自己的心愿，我不知道。

　　我听说过这样一个故事，也是发生在很久很久以前：

　　古老的小镇上，有一位德高望重的老人，他是当地最博学、最有才华的人物。镇上的人都非常尊敬他，他年轻的时候就已经获得了不小的成功，成为镇里举足轻重的人，人们叫他大师。

　　镇里还有另一位老人，谁也不知道他整天在想什么，有时带上干粮出走好几天，有时和妻子儿女种种花草，有时为了研究某样东西而沉默不语。据说，由于他如此碌碌无为，镇里的大户人家都不和他交谈，给他起了个外号叫"疯子"。

　　有一天，镇里来了一个年轻人，听说这里有位德高望重的老者，马上端正衣冠，上门拜访。

年轻人说："我刚一来到这里，就听说了您的事迹，我对您是万分佩服呀。您能不能给我讲讲，您是如何计划您的一生的？"

"当我被疾病缠身，因年龄困扰时，我才发现，什么计划都是虚无的。"大师微笑着对年轻人说："像你这么大的时候，我给自己下定了一生的计划：首先，我要花十年的时间学习各种知识，以备未来所需；然后第二个十年我打算出国旅行，四处观光，体会人间百态；第三个十年我打算寻找到一位美丽而善良的姑娘，成立一个家庭，生几个孩子。最后，我还要花十年的时间隐居山林，细细地把我这一生回忆。"

"这样的生活多好啊，您一定按照您的计划完成了，对吗？"

"前十年我按照自己的计划完成了所有的知识储备，并且成为了这一带举足轻重的人物，人们把我当偶像来崇拜。很多琐事接踵而来，我开始抽不开身去做自己想做的事情，比如去国外旅行，就那么一直搁浅了。十年很快就过去了，我开始考虑是否应该为自己寻觅一生的伴侣，这时我才发现，心中所想的美丽早已经错过，姑娘们也已经嫁给他人。直到现在我还是一个人，有时候我也想找个伴，又怕别人对我说三道四。如今，我想找个僻静的地方隐居，却发现自己由于年老体衰，不得不在城市中生活。"大师说。

"可是你已经很成功了呀，很多人都非常羡慕你！"年轻人看得出，大师眼中满是遗憾。

大师停顿了一下，继续说道："我是一个失败者，一生的计划就在匆匆岁月中破碎了。不要刻意去追求什么成功，更不要企图制定什么一辈子的计划。因为你不会知道，未来有什么在等着你。如果，你能够想到一件想做的事情，马上就去做，那么，你将是这个世界上最幸福，最成功的人。就像镇子里那位'疯子'大师。"

"原来一辈子的计划便是想做什么就马上去做！"年轻人终于领悟了大师的心意。

我相信，如果人生可以重来，大师一定会选择做"疯子"。那些无形当中的羁绊是阻碍欢愉的罪魁祸首。遗憾谁都会有，但如果不想等到年老体衰的时候，感叹"如果人生重新来过"，就放下虚无的名与利、放下所谓的指责和嘲笑，做自己想做的事情，只有这样，才是无悔此生。

趁我依然充满力量

趁我依然充满力量，能不能答应带我去参加一次蹦极，即便我到时候又是闪躲又是退缩，在自己的人生路上，精神从未如此紧张，也从未得到过释放。

趁我依然充满力量，能不能答应跟我去参加一次献血，即便我到时候又是勇敢又是怕疼，在自己的人生路上，思想从未如此神圣，也从未体会过牺牲。

趁我依然充满力量，能不能答应随我去徒步旅行，即便我到时候又是喊累又是烦恼，仔细看好路旁的风景，身体从未如此疲惫，也从未感受过重生。

趁我依然充满力量，能不能答应让我去扮一回坏孩子，即便我到时候又是喝酒又是抽烟，年少轻狂时，正义感从未如此强烈，也从未因此而自豪。

趁我依然充满力量，能不能答应陪我跳一支不协调的舞蹈，即便我到时候又是僵硬又是搞怪，百般掩护的丑态中，真实从未如此鲜明，也从未被迫模糊。

趁我依然充满力量，能不能答应听我唱一首不在调上的歌曲，即便我到时候又是破音又是忘词，茫然无措的时候，情感从未如此发泄，也从未这样疯狂。

我有许多愿望，可我不敢细细去想，因为总觉得尽管我依然充满力量，还是不足以满足蠢蠢欲动的内心。我恐怕不经意间，再也拾不起还未完成的心愿，再也不能思考。

"人有悲欢离合，月有阴晴圆缺"。有一天，那本该属于我们的时光和爱都会被夺去。也许是一次偶然，也许是一次蓄意，我们对未来的美好愿望就成了虚无。多少人都是怀着遗憾，与大家天涯相隔了。

那些并不美好，却依然想去实现的事情，我们错过了；那些并不美好，却依然想去热爱的人，我们错过了；那些并不美好，却依然想去争取的机会，我们错过了。难道我们的一生就是错过吗？难道只有错过之后，才能懂得人生难得吗？

我知道，每一个清晨，都有可能是最后一次面对日出，也知道，每一次傍晚，都有可能是最后一次面对夕阳。也正是有了这样对人生的危机感，才能在睡觉之前对爱的人说晚安。还好我正为此而努力，在每个清晨，踏上人生的道路，做每一件自己愿意做的事情。

我不知道人生苦短，到底有多短，只知道，明天的到来伴随着今日的消亡。我想趁我还有机会爱生活、爱梦想、爱大家的时候，多做些事情，即使这些想法让我看起来有些神经质。

生命如此短暂，不要毫无意义地死去。

只要你敢不懦弱

　　这篇文章的题目源自田馥甄新曲《你就不要想起我》其中的一句歌词，也是无意之间，偶遇了这首歌。

　　我喜欢幻想，在幻想中构造另一枚微小的世界，惊起淡淡的波纹。有一个故事，每个人都是亲身经历者，谈来简单，忆来哀愁。

　　爱情，是个花非花雾非雾的名词，谁都没有读懂它，就连如仓央嘉措般的遗世独立、纤尘不染的如莲情僧都写下过"世间安得双全法，不负如来不负卿"的诗句。

　　网上有一篇男孩想念女孩的文章被很多人赞过，大概意思是男孩和女孩在同一所大学，男孩家里很穷，每天都要打工，从来没想过要谈恋爱。女孩家里很富裕，形形色色的朋友很多，见识也广。

　　女孩在男孩的一次热心帮助时，发觉男孩正是自己心中的王子，于是喜欢上了男孩，从此一发不可收拾。男孩说，他那个时候真是天真，竟然真的以为能和她相守到永远。

　　两个人在大学外面租了廉价的房子，一起努力考研，为了挣够生活费，男孩开始打很多分工。原本娇生惯养的女孩为了和男孩在一起，竟然学会了洗衣服做饭，竟然学会了持家俭学，还学会了用蜂窝煤炉子做饭。

女孩和家里说了现在的情况，她的家长表示想要和男孩见一面。然而，这次见面给了男孩沉重的打击。男孩说他忘不了她父母看他的眼神、对他说的话语。

男孩第一次有了离开女孩的想法，也许，不是谁不爱谁，而是承受不了来自生活的恐惧。女孩依旧过着幸福的生活，她不知道男孩已经和她走到了分叉口。男孩强忍着心痛，每天督促女孩背单词、学习。

终于，在男孩的帮助下，女孩考上了理想的研究生。但是等待她的却是男朋友的离开。男孩说："穷男生不该有爱情，我配不上你，是我不够好，我不忍心让你跟我过苦日子。未来等待我的是起码十多年的辛苦，才能换来全家人的好日子。虽然我爱你，但我不能给你好的生活，我们一开始就错了。对不起。"

或许，这便是人们常说的有缘无分。很多人为了这篇故事落泪，很多人感叹自己就是男女主角，可是，在我看来，他是那么不值得同情。

生活确实不容小觑，当我们的爱情变成婚姻，柴米油盐酱醋茶取代了玫瑰花、电影票，等待我们的也许是苦苦的煎熬和争吵。可是，当我们还未走到那一步的时候，又凭什么认定，生活一定是苦恼？

男孩自私地为女孩安排好了生活，可是他不知道，千万财富都不如他的一个笑。他凭什么知道女孩用蜂窝煤做饭就不幸福？

凭什么认为女孩嫁给有钱人、有个好学历就能有幸福？他自以为很无私地为女孩奉献了一生的幸福，却不知道这样的认为和决定简直是毁掉了两个人的幸福！

我们都善于用自己的思维去考虑别人，可是"安慰捉襟见肘，唯有冷暖自知"，他分明不知道女孩是多么愿意陪他一起过苦日子。也许，生活中，贪图金钱的女孩多得是，难以撼动的苦难多得是，但是不要把所有的生活都想成苦难，不要把所有的女孩都想成贪名图利。

有时候，正是我们的误解，才造成了情深缘浅。如果当时男孩不惧怕生活和未来，如果当时男孩愿意征求女孩的意见，如果，你敢不懦弱，命运就会让步。

如果，想放弃爱情的人们敢不懦弱，又凭什么会错过？所谓的情深缘浅，就只是自己的错觉。

人生何其短

小时候经常听大人们说"一辈子"这个词，很不理解，便问母亲："妈妈，什么是一辈子？"

"一辈子就是人的一生。"

"一生是多长时间？"

"一生就是从你出生开始到死去。"

"那我什么时候会死去？"

"很久很久以后吧，好几十年呢！"

"一辈子有好几十年吗？"

我就这么反反复复地询问着母亲，然后又询问父亲。记得小时候，学校里经常组织户外活动，大家围成一圈，作比赛，玩得高兴了，小朋友们就相互认识了，不管是第一次见面还是刚说上几句话的朋友，大家都会觉得对方就是自己一辈子的朋友。到了中学，大家有了各自的群体，曾经说要好一辈子的朋友散的散，忘的忘，各自又有了新的朋友，大家又开始扬言说要一辈子在一起。

后来，谈恋爱的朋友渐渐远去，一辈子在一起的朋友便成了谎言。原以为，情人该是一辈子了吧？谁知，时间还未老，余温尚在，他就已经不知去了何方。还以为一辈子离不开他，却发现，一辈子短得让人惊叹，没用多久又恢复了往常的模样。

"一辈子"是那么抽象的词语，人们不了解它，却一直拿它发誓。也许，它越是抽象就越是神圣吧。

从朋友那里听来一件这样的事情：一个品学兼优的男生，在考大学前夕突然宣布退学了。这个决定让很多人都很吃惊，这不是有点"暴殄天物"的意思么？顶着那么一个聪明的脑袋，不好好上学，以后还能有什么出路？

可他的聪明脑袋有自己的打算，他爱上了一个长相俊秀的美女，想要娶她，然后在家里开个小店，日子也可以过得很幸福。幸运的是，他的一切打算都实现了，美女嫁给了他，还怀了他的孩子。

得到自己要当爸爸的消息，正在外面进货的男生激动不已，结果，回去的路上出了车祸，命绝于此。家里人悲痛万分，美女妻子泣不成声。他规划的美好生活还未开始，就结束了。一辈子就这么短，二十几岁的大好年纪，说结束就结束了。他的父亲当时就病倒了，说自己一辈子都不能从噩梦中醒来了。美女妻子说自己会为了他守一辈子。

几年过去了，美女妻子已经成了别人的妻子，再也不说为他一辈子，就连当时肚子里的孩子也在家人的劝说下打掉了。老父亲这些年明显得变老了，但这丝毫不影响他下地干活，一辈子的噩梦做过了，还是要继续生活啊。

　　人生苦短，不只是生命是有限的"一辈子"，就连我们信誓旦旦的承诺都有简短的"一辈子"。当每个"一辈子"都失去生命，我们才发现，那一次次被认为永恒的东西早已经去世。庆幸的是我们比任何一段诺言的生命都强悍，可以看透一辈子究竟是长是短。

人和年和月都太类似

2011年11月27日，中国达人秀的舞台上出现了一位梦想伟大、内心单纯的支教老师，他的名字叫刘寅。他对周立波说，自己要唱歌给孩子们听。

其实他来达人秀的目的很单纯，只是希望有更多的人来买他的音乐，因为这样就能给孩子们买更多的肉吃了。简单幸福是他的梦想，永远单纯是他的达人宣言。他怀着一个特别的梦想，唱起了那首原创歌曲《希望树》。

"给我一段烛火温暖这寒冷，给我一点勇敢穿过这黑暗，给我一丝坚强走完这条路，给我一点梦想挣脱这现实。一片落叶滑落，会惊扰了整个夏天，一片雪花落下，预示冬的寒冷，太阳每日东升，照耀大地无限的曙光。"充满沧桑感的声音，震撼心灵的表情都让观众深受感动。

其实我并非慈善机构宣传人员，也并非刘寅的宣传人员。我是真的深受感动，每次听到他唱起这首歌，总是有一种穿越黑暗，找到阳光的力量。

记得有首歌里唱："人和年和月都太类似，每个人都只活一次。”我们时常说，这一生一世的生命，一定要活得有价值。过去，我以为有价值就是不枉费自己的每一个愿望，不辜负父母和伴侣。可是，当看到刘寅我才发现，这个世界上，有一种价值叫做不求回报，既是善良也是责任。

我认为他是幸福的，尽管辛苦和贫穷，可他真的很用心。他知道自己的道路在哪里，知道自己的价值该用在什么地方。而不像许多虽然不缺钱但却缺快乐的人，总觉得自己的生命很迷茫，总觉得自己是不是来错了地方。

每个人都无法决定生与死、穷与富，但我们可以决定如何去生活。人和年和月都太类似，一年过去了，就不会再出现同一个年份，每一个月过去了，都是独一无二的月份，我们也是一样，一旦离开了，就再也不会拥有这人生了。但是太阳每日东升，照耀着大地，希望还在继续。

也许，如今的刘寅又恢复了往日的生活，但是他这片落叶的滑落惊扰了许多好心人和逐梦的人。当然，他的梦想意志也感染了我。在有限的生命里，不是谁都有机会去做善事的，更不是谁都有机会去坚持自己的梦想，但是既然人和年和月都太类似，可否自私一次，为自己的梦想沸腾一次？

千万次告诉自己

如果你来到我身边，就会看到我正为成长而迷惑。尽管我早已过了身体成长的年纪，但心灵上的成长依然困扰着我。

人们都说"活到老，学到老"，这句话包含这样的意思：即使身体上的成长停止了，但是心灵上的成长才刚刚开始。可是，看看现在的自己，说自己依旧在成长真有点难以启齿。

小时候，总是为了得到别人的认可而努力，因为知道自己是弱小的，明知道自己是个孩子，所以才有了努力成长的愿望。但成年后的人们又有几个想得到自己在人生中是弱小的，依然是个孩子？

我刚刚有记忆的时候，最喜欢被人称赞。假如有人说我唱歌好听，我就乐此不疲地唱歌，直到他们叫我停止；假如有人说我长得好看，我就变换不同的衣服，在他面前晃来晃去。不是因为我爱显摆，而是人类天性中存在向上的力量。

如今，假如有人说我唱歌好听，我会乐此不疲地推脱，甚至自毁形象地说自己五音不全；假如有人说我长得好看，我立马换上一副尴尬的样子，退缩到角落。不是我越来越低调，而是不够勇敢，不敢再被别人审视，好像一层淡薄的纸，一看就透。

有人说，我们是努力地为了生活而变得成熟，事业上、家庭上名利双收，怎么叫没成长？可成熟是成熟，成长是成长，两者究竟是不是一回事儿？

在这个社会中，成熟的表现几乎就是应了白岩松的那句话："把欲望当理想，把世故当成熟，把麻木当深沉，把怯懦当稳健，把油滑当智慧。"可这是真正的成熟吗？

成长是需要勇敢的，是让我们变成一道厚厚的墙壁，不被危险击穿，不会被外界看透。可是成熟呢？自称成熟的人们有几个人敢让别人审视？即使不被外界看透，也一定让他倍感焦灼。这就是成熟和成长的区别，而我们所追求的恰恰是那面厚厚的墙壁。

我们都参加过朋友聚会，到场的人们相互寒暄唏嘘，"你最近变漂亮了呀！气色不错呀！""听说你公司盈利不少，恭喜恭喜！""非常感谢你上次鼎力相助，咱们是永远的兄弟！"可是，聚会上再开心的人们，散会后也会对其他人说："也就那么回事儿""真没劲，还不如不去！"

原本联络感情的朋友聚会，成了相互攀比的较劲。混得不错的人有了炫耀的资本，混得不行的人有了抱怨的理由。很多人都忘了前来参加朋友聚会的目的是快乐，是为了释放自己在生活中的压力。不少人为了避免别人的审视，甚至拒绝参加任何朋友聚会。

这一切源于什么呢？我想，不是放不开，也不是地位差距，而是不够勇敢。他们是不敢，而不是不能。不敢被别人问起最近做了什么，不敢面对旁人的眼神，不敢张开双臂迎接所有的眼神。谁都可以说自己变得成熟，却不可以说自己还在成长。

其实，如果人们足够坦然，足够勇敢，那么对这个世界、对他人、对自己都是一种宽恕。这就是我所追求的成长，所以我千万次告诉自己，游戏是为了娱乐，工作是为了价值，如果无法到达目的地，就让心灵首先坦然。

化为乌有

　　人生从来都不会重新来过，但有些事情却可以重新来过。如果一件事情做不好就放弃，那就失去了成功的机会。

　　表弟今年考入了上海某大学重点班，家里人共同庆祝了一番。饭桌上，大家讲起了表弟的往事。

　　表弟是姥姥看着长大的，所以姥姥回忆起来简直滔滔不绝。从他小时候的爱好说到如今的行为动作。对姥姥来说，那些事情可能还近在眼前。

　　姥姥说："他小时候，脾气就特别好。有一次，我在厨房做饭，他在客厅玩积木。我端着饭出来的时候，不小心把他码得很高的积木给踢倒了。如果换了其他孩子，早就大哭大闹了。可是人家不慌不忙地又从头开始码起积木来。难怪人家可以考上重点大学呢！"

　　看得出来，对于家人来说，表弟的成绩是值得骄傲的。但是我从另一个角度观察却发现了他成绩优秀的原因——肯重新再来。

　　我们学习的时候往往会遇到很没有耐心的时候，一道题做不出来就放弃了，甚至烦躁地连卷子都撕裂。我们工作的时候也很粗心，一件事没做好就抓狂，甚至连工作都放弃了。可是表弟呢？他有重新再来的勇气和耐心，才能获得最终的成绩。

码积木就好像我们在积累人生，也许某一天，我们精心积累的人生被别人不小心打翻，曾经的成绩化为乌有，或许我们可以把不满意的人生打碎，但这不是结局。既然我们还有机会和时间再重新码一回，又为什么要放弃呢？

我们总是责怪别人不小心打翻了自己的积木，总是抱怨自己的命运为什么如此坎坷，怀着痛苦而忧愁的心理看着身边的人专心地码积木。如果你够细心，就会发现，当初自己的积木那么高的时候，身边的人才码了一小层，但是等你打翻了之后，他还在缓慢地码着。不知不觉，他的人生便超越了你的人生，而你一直在推倒的积木堆旁自怨自艾，再也没有起来。

其实，我们的一生中有无数次得到，也有无数次失去。当我们所拥有的一切化为乌有的时候，你是否想过从头再来？经历挫折后东山再起的人并不是完全靠他们的能力和智慧，而是他们拿得起，放得下，不会为了已经失去的东西惋惜一辈子，而是迅速把目光锁定到下一个目标。那些不甘心放下过去的人永远都不可能成功。

如果当年爱迪生实验几次就放弃了，那我们现在可能还点着煤油灯呢。所以，当不幸的事情发生在我们的身上，或者生活中突发变故的时候，我们应该做的就是鼓起勇气，重新来过，重新出发甚至会比前一次更快，结果更完美。

当我们人生的积木越垒越高，就算突然间因为外力倒塌，也要迅速调整好心情重来，说不定还能垒出比过去更高、更壮观的人生积木。

学而无害

英国外交家查斯特菲尔德在写给孩子一生的忠告中，第一封信就强调："首先，我希望你在18岁之前，一定要做好人生的知识储备。"

很多人都是"书到用时方恨少"，在学校的时候不知道学习，在该学习的时间段没有学习，到后来一边后悔自己当时没好好学习，一边羡慕别人凭借知识素养得到了好的发展。

谁都羡慕那些博才多学的人物，巴不得和人家有点什么关系，但就是不想想自己为什么不是那样的人物。

网文中有一段关于父亲教育儿子的短文：一天，父亲偶然看到儿子的成绩单，发现儿子的成绩很一般，就问儿子："最近，你有什么心事吗？"答曰："没有。"父亲又问："那你最近为什么学习成绩下降了？"儿子低着头说："爸爸，您说上学有什么用？班上的同学们都在讲，现在学习的东西以后用不上。总不能拿数学的各种定理知识去买菜吧？总不能拿语文的文言文去交谈吧？总不能到哪里先观察地质，先了解历史吧？我真的不知道有什么用？"

父亲没有说什么，只是静静地听着儿子的抱怨："而且，我前几天还听见您和朋友们聊中国的教育体制不如以前之类的话。我觉得很有道理呀！"父亲摸着儿子的头说："对，现在的学校学习就是没用的东西。"

"那我为什么还要学习呢？"儿子不解地问。

"你现在学习无用的东西是为了考验你呀，如果你连这么无用的知识都学不好，那以后又怎么有能力去学习有用的知识呢？"父亲一步一步地给儿子讲解："儿子，你看，从古至今，不管做什么事情，都需要扎实的基础做后盾。这就像你盖一座高楼，你说这么高的楼，我又不住地上，为什么还要浪费时间在打地基上？再比如，你喜欢的音乐，难道不是因为有了那些音符，才让音乐更动听的吗？难道你直接就能谱曲了？"

儿子恍然大悟地说道："爸爸，我知道了。这些知识看似没用，却有着无形的力量，只是普通的时候看不出它们的作用。"父亲满意地点了点头。从此儿子的成绩一直名列前茅。

这位父亲的教育方法是极好的，让孩子心甘情愿地去学习，让孩子把学习看作补充人生的必走之路，而不是为了别人、为了考试成绩而学习。

我们在学校的时候总是责怪老师对我们看管严格，责怪父母对自己严肃苛刻，只是不知道，如果有一天，我们遇到了必须面对的问题，又必须用过去学过的知识解决时，你是会责怪老师和父母还是感谢他们？

　　每个人出生时都是一张白纸，人生中的色彩是被自己画上去的。当你学到了一样知识或者一个道理，那张纸上就多了一道色彩。我们不能总是羡慕别人的画板五彩缤纷而埋怨自己的画板单调无趣，因为只有你自己才能为那张纸画上颜色。

　　人必须在不断地学习中成长，如果不学习，我们就写不出饱含爱恨情仇的诗篇，也没有机会理解古人的喜怒哀乐，更不可能以史为鉴，把未来过得更好。如果不学习，我们就不能建造出摩天大楼，不能开设游乐场，不能以车代步。如果不学习，就不能了解世间万象，就不能知道世界的另一个角落有怎样的风景。

　　不光是书本上的知识，所有的知识都有学习的价值。在这样一个快速多变的社会，不多学点知识，又怎么追得上社会飞速发展的步伐呢？

宁做凤尾

有个朋友对我说："这辈子我宁可做鸡头，也不做凤尾。"当然，在这个世界上，很多东西是存在层次差异的。人们被分为三六九等，并不是封建时期特有的产物，也有智慧和文明水平的差距。我们常说"物以类聚，人以群分"，并不是谁特意把我们分成了几个等级，而是"道不同，不相为谋"的自然规律形成的。

朋友说他宁做"鸡头"，不做"凤尾"。我觉得也并非没有道理，既然不能在凤凰堆里风光体面，何不在鸡群中当一只精神的大公鸡呢？但是再一想，这真的是好的奋斗方式吗？

很多年前，我们班上来了一位同学，他不是因转校来我们班，也不是学习成绩不好，而是校长把他从全校最好的班级里调到了我们普通班。那个时候，我在普通班里的成绩是很中等的水平，他来到我们班里直接就是第一名，甚至成绩超过我们班原来的第一名50多分。他刚到我们班的时候，全班同学都很好奇，四处打听他为何被调离原班。

最后得知，他在好的班级里，学习成绩拼不过别人，心理出现了问题，经常和老师较劲，还说什么自己要是在普通班里肯定当第一名，还能恢复自信。在他的再三要求下，校长经过深思熟虑把他调到了我们班。当时我们都比较单纯，以为他的到来能够帮助我们把学习成绩带上去。班里有几个平时喜欢学习的同学就开始找他问问题，可他不但不耐心教别人，还扬言说："给你们讲题简直就是在浪费我的时间。你们找别人问吧。"可能是在最好的班级里受了刺激，想在我们班做出点成绩，他几乎从不浪费一分一秒，上课认真听讲，下课专心做题，不放过每一分钟和老师接触的机会，总是围着老师问各种各样的题目。

久而久之，我们大家对他都敬而远之，但奇怪的是，他每天这样努力，考试成绩却大不如以前，他又责怪我们没让他有个安静的学习环境，要不就说普通班的老师讲课不怎么样。总之，他从原来的不想做"凤尾"又变成了不想做"鸡头"，但是校长这一次并没有因为他的想法而把他调离我们班，因为校长早就看出是他的心态出了问题。

如果一个人的心态出了问题，即便待在非常好的环境里，也会觉得处处不如意，心态好的人，不管待在哪里，都觉得是天堂。

其实，俞敏洪说过，我们做人一定要做"凤尾"，但是做事一定要做"鸡头"。做人，要学习的东西很多，值得我们去学习的人也有很多，如果你能够和有用的人做朋友，那么即便你是他们当中最末的那个，品位也一定不会太次。只有学会了做人，才能学会做事。只有当我们获得了生活中较高的品位，才有长远的目光去看待生活中的问题，然后才有可能做事情。而做事情一定要有创新，能把事情调配得恰当，必要的时候，找那帮可靠的"凤巢"里的朋友帮忙，就算不能成功，也不会失败到哪里去。

　　真正做到当"凤头"的人少之又少，即使你在这方面是"凤头"，在另一个领域，你也有可能是"鸡尾"，所以我们不能自满，要多去结识在社会各个领域都胜过自己的人，不要妄自菲薄，更不能死好面子，因为只有先当"凤尾"，才有可能做到"凤头"。

　　所以说，做人"宁做凤尾，不做鸡头"才是智慧的选择，如果真想处处当仁不让，就要在事业上和所有对手一决高下了。

第三章
CHAPTER THREE
其实我并不是善忘

　　那些曾经与我朝夕相处、挥泪离别的场景总是使我热泪盈眶。明明在人生路上足够勇敢，却始终不敢以爱为名的身影。每次想起那些感人肺腑的片断，总觉得自己极度残忍，竟然接受了对父母、恋人忍痛割爱的人生。

　　其实，我并不是善忘，只是再也无言提起。在无数个问心无愧的深夜里，最怕想起那些接受过的忍痛割爱的人生，唯独这些让我自惭形秽。

　　我深爱的亲人和恋人啊，为了我而付出的人生，会不会让你们觉得遗憾？

残破不堪的东西

妹妹今年上初二，也许是由于青春期的关系，最近脾气变得很暴躁，也不愿意和我们说话。每次都把自己闷在房间里，不知道是不是在学习。

父亲下班回来后，总是第一时间推开妹妹的房门，然后询问妹妹是否已经吃了饭，今天过得怎么样。但是每次妹妹都皱着眉头对他大声嚷："出去，没看我写作业呢吗？烦不烦啊？"要是父亲再多说上一句话，妹妹就要歇斯底里了。父亲在这个时候总是一边低声责骂，一边退出妹妹的房间。

我在一边看着，对父亲笑着说："您说您这是图啥，明知道她就这样，还每天晚上去热脸贴冷屁股。"父亲看似不在意地说："这就是天下父母亲对孩子无限的包容。"

其实，平时父亲在家里的角色是不大受家人喜欢的。因为母亲平日里和我们接触比较多，我们自然和父亲的关系不那么亲密，可他又喜欢和我们聊天，聊天内容无非是对新事物新现象看不惯的议论。久而久之，我们就觉得他特别没水准，什么也不懂。总觉得他带给我们的都是残破不堪的心情，每次都以争论或骂战结束，和他没有什么共同语言。

但是当他嘴里说出"这就是天下父母对孩子无限的包容"这句话的时候，我的第一反应是：这是人的天性。确实，每个父母都是爱孩子的，不管这个孩子是不是学习成绩好，也不管这个孩子是不是长相漂亮。他们为我们付出了太多，放弃了很多。

长大后我才慢慢明白，有一种爱是无法用语言传递和表达的。那些我们觉得残破不堪的东西，正是父母竭尽所能给我们的最好东西。

如果不是虚荣心作祟，我不会因为父亲来学校而倍显尴尬，我不会斥责他为什么不在学校外面等候。那是上初三的一年冬天，天气格外冷，早上还下起了大雪。我的羽绒服是母亲把几个旧羽绒服拼接在一起的，样式老，颜色旧。同学们都穿上了新羽绒服，收腰的，蕾丝边的，粉色的，白色的。我才不要穿黑不溜秋的旧式羽绒服呢！

为了躲过母亲的"关爱"，我还没等母亲让我穿上羽绒服就跑了出去。我宁可冻死也不穿那样的羽绒服。但是我很快就后悔了。因为雪下得不小，全校停课扫雪。对大多数同学来说，这是一件多么高兴的事情呀，不用上课了！可是我有点懵，没穿羽绒服，这么冷要上操场扫雪，还不把我冻死？

可是，班主任都通知了，我也只好硬着头皮，跟同学们去了操场。我第一次想念那件发旧的羽绒服了。原来，它并非只会让我丢人。但想有什么用呢？它又不会跑到我面前来。于是我努力地扫雪，希望可以通过活动产生点热量。

就在我快坚持不下去的时候，同学从老远的地方向我跑过来，对我说父亲来了。我当时就愣住了，父亲怎么会来？我带着疑惑走到父亲跟前，心想千万别让同学们看见。我也不知道当时的尴尬是如何而来，就觉得如果父亲被同学看到，他们一定会嘲笑我。

父亲把那件老式的羽绒服递给我，对我说："你咋不知道拿着衣服，冻坏了又得花钱。快穿上。"父亲看着我穿好衣服，转身离去了。我感到一阵阵暖意流淌在血液中，不知道是父亲的爱温暖了我，还是羽绒服的作用。

我忽然想起了那天的父亲，穿一件公司发的羽绒服，还没有我的衣服一半厚，听母亲说，我这件羽绒服是用了父亲的两个羽绒服做成的。

也许，父亲不能给我更好的东西，却把爱都给了我。而我却把这么贵重的东西当作残破不堪的东西。

如今想来，真是可惜了那么多年的爱。

我觉得她真美

小的时候，我总是羡慕别人家的孩子能到处去玩，到处吃吃喝喝。而我，每到放学必须第一时间赶回家。如果差一分钟，母亲就会放下手中的家务，不顾形象地跑到路口去等我。

母亲形容说我总是提着一个小兜，慢悠悠地走回来。她笑着说："我大老远就已经看到你出现在拐角处，但你总是能走出好几个来回的时间。那种慢悠悠的劲儿真让人着急。"我知道，母亲也是爱我的，不像父亲，他的爱总是在事情发生的时候才会显露。

在我的印象当中，母亲总是把我管教得特别严格，每晚要按时睡觉，如果稍晚一点，就开始一遍一遍地催促。每天所有的行踪都必须上报，每次出门都必须说好去做什么，几点回来，和谁见面。我总是抱怨母亲一点情趣也没有，一点私人空间都不给我。

妹妹出生以后，母亲也这样对待她，结果造成了我们两个都特别想脱离这个受束缚的家庭。但是我当时并不明白，这个平安幸福的家是父母谨慎经营了一辈子才换来的！

邻居们都开玩笑似地对我母亲说："您这是丢过孩子吧？怎么把孩子看得那么紧？"母亲笑着说："不是丢过孩子，是怕丢了。

心里总是放心不下。"

一天中午，下起了大雨，路上的行人几乎都被淋湿了，就连穿着雨衣和打着雨伞的人也被多少淋湿了一些。这场雨来得猛烈狂暴，有点世界末日的感觉。恰逢妹妹放学的时间，平时母亲让她坐校车回家，结果司机打来电话说没接到妹妹。

母亲当时就坐不住了，眼看着外面的雨越下越大。她二话不说，披上雨披骑着车就出去了。我在家里也焦急地等待，一是不知道妹妹究竟干什么去了，二是不知道母亲能否安全地接到妹妹。也许是受了母亲的影响，我也坐不住了，我打着伞去路边看了又看，还是不见人影儿。

在我第三次出去的时候，看见母亲一个人骑着车子回来了。她一见到路口的我，站都站不稳，衣服全都湿透了，头发也被淋湿了。她来不及顾自己，赶紧问我："你妹回来了吗？这孩子哪儿去了？怎么一路上都没有？"那时妹妹上六年级，学校离家差不多十分钟的车程，如果走路的话半个小时也应该到家了。

我焦急地说："没有啊，没看见。"母亲一听又骑上车子要出去，我说让我也一起出去找吧。母亲说："你在家看家！等你妹回来，就别乱跑了。"说着，又骑车出去了。

没过一会儿，妹妹就从另一条大道上回来了。我责怪地问她："你去哪儿了？"妹妹打着伞一脸茫然地说："我没找到车，就自己走回来了。原来走的那条路上都是水，我就从这边的大道回来了。妈呢？"我说："妈去接你了，这是第二次出去了。刚走，我给她打电话吧。"

　　我走进屋子，让妹妹换下湿掉的衣服，准备给母亲打电话，才发现母亲根本没来得及带上手机。

　　过了一会儿，母亲终于回来了，一见到妹妹就坐在了地上，问道："你这是去哪儿了呀？吓死我了，还以为丢了呢！"母亲的心终于放下了。

　　那天的母亲很狼狈，却是我见过最美的样子。过去，我只知道自己要自由，要快乐，却不知道自己从出生的那天起，就已经把母亲的心拴住了，她早就没了所谓的自由。而我们还一直责怪生活得不满意，责怪家里的饭做得不好吃。

　　后来，母亲说，每次遇到这样的大雨，总是会有小孩子被水冲走，或者失踪。以前听到这样的事情太多了，所以不敢让我们离开她的视线。

　　原来，母亲比我们懂得珍惜，懂得亲人每次在一起的机会是多么不易。而我们生在这个家里，又是多少个刻意的相遇和无意的善良成就的必然结果。我们又有什么资格说自己不幸福？

他从来不是个懦弱的男子

我的父亲在家庭中一直是个硬汉的形象，在那些北漂的岁月，他一个人扛起了整个家庭的负担。父母都是外地人，在北京少不了被人瞧不起，年幼的我早早就已经意识到这一点。

那时，父母为了让我念书，不惜支付比学费多得多的借读费。父亲总是对我说，不要让别人瞧不起自己，要坚强。

刚上一年级的我并不知道"坚强"究竟是什么意思，为什么父亲总是在重复这个词。我去参加校区运动会时，父亲对我说："要坚强，一定要坚持下来，跑第一名！"于是，在我的思想里，"坚强"就是争取最好的成绩，得第一名。

班里的同学们都说一嘴流利的普通话，而我的普通话既不流利还带着一股外地人的口音。我眼里的人分为两种：一种是那些自认为成绩优秀，但总用鄙夷的眼神看我的人，一种就是班主任。

我没有朋友，只有班主任和我说笑，同学们要不嫌我土气，要不就嫌我不会说话。那个时候我很苦恼，不知道自己为什么会来到这个世界上，更不知道别人为什么会这样对待我。

父亲当时对我说了三句话，我至今记得："你要坚强，遇见什么事情都不要哭泣，要像男孩子一样坚强，要勇敢。如果有人欺负你，你就还手，不能让别人看扁。争取超过他们！"

说实话，幼小的我真的受够了那些受人看不起的日子。我开始了自己的"复仇"计划——努力学习，锻炼身体。经过数日的努力，我的各科成绩和班级名次开始上升，期末考试拿了全班第一名，我的运动成绩也是全校第一名。很多同学开始尝试着和我说话，以前那些不喜欢我的同学也开始为了学习取经接近我。班主任给了我不用写家庭作业的特权。我才知道，父亲说的"争取超过他们"是什么意思。

但是，我得意的日子并不长，班上有一个特别无赖的男孩，总是找我的麻烦，我一开始并没有理他，他却变本加厉。有一次，我走路回家，他假装好心地让我过去，说有东西给我。当时他坐在车里，我在车窗外抬起头看着他，谁知他猛地伸出手打了我的脑袋，疼得我差点就哭了出来。但是我对自己说："不能哭，要坚强。"我就那么忍着眼泪，死死地盯着他，看他得意地对我做鬼脸。

回到家里，父亲看我闷闷不乐，问我怎么回事。我将事情的原委告诉了父亲，父亲当时就火冒三丈，他对我说："哪个小子这么混蛋？你告诉我，我非得教训教训他！"母亲在一旁劝父亲要冷静。我低着头，委屈极了。凭什么一个外地人就得受他们这么欺负？我又想起父亲对我说的话，于是我对父母说："你们别管了，下午我自己解决这件事情。"

父亲倒是很支持我这样做，他说："如果他再打你，你就使劲地打他，看他以后还敢不敢这样对你了。"很久以后，我才知道，这样的做法其实一点也不对，但也是在很久以后我才知道，不光我总挨欺负，父母在那个时候也是低人一等的待遇。而我也终于知道父亲为什么要和我说那些话。

最后，我真的把那个男生打了一顿，在班里赤手空拳地把他打倒在地，那种感觉无法言表。但是在恶势力面前，这样的发泄倒是保护了我。他再也没有找我的麻烦。原来这就是自我保护。

这么多年过去了，父亲还是遇事喜欢用武力解决问题，母亲总是说嫁给父亲一点安全感也没有。但是，没有读过太多书的父亲不懂什么是计谋，不懂什么是圆融世故，他只懂得用一双坚硬的双手保护自己的家庭。

他从来都不是个懦弱的男子。

我们总是善忘

很多人都问我，你为什么喜欢读书，为什么喜欢写字。我总是笑着说："可能是天性吧。"但是他们不知道，如果我们不读书、不写字的话，会多么善忘。

大学一年级，我陪舍友回了一趟她家。她的家乡在山脚下，当地的生活水平有些落后，村里没有商店，也没有出租车，唯一的好处就是风景非常美。

她的母亲见到有同学来，高兴得不得了，嘱咐舍友给我拿点好吃的。晚饭后，她的母亲拿出了一包东西，我以为是什么珍贵的文件呢，结果一看，原来是哪家孩子随手写字的笔迹。我开玩笑地说："阿姨，这是不是她小时候写的字啊？"没想到，她母亲惊讶地问我："你怎么知道？"之后我们都笑了。

阿姨和我们聊了很久，她说，如果不是这些笔迹，她还不能确定自己的孩子是不是已经长大了呢！她拿出一张纸，上面歪歪扭扭地写着："妈妈，我爱你，老师说要对妈妈好，这样就能得小红花了！"阿姨说，这是舍友上学第一年写的，那个时候她刚会写字，就给妈妈写了一封"情书"。

我开玩笑地对舍友说："哟，您还有这样的历史呢？小的时候你就这么肉麻啊？"舍友不好意思地笑了笑。她的母亲又拿出一个本子，说本子里都是舍友的日记，还指出其中一段读给我听："我要快快长大，帮妈妈做家务，陪爸爸挣钱去！以后做一个有用的人，不让妈妈受苦！"我笑着说："阿姨还很优秀呢，认识那么多字，我妈妈小学念完就不念了，那个时候太穷了。你妈妈小时候肯定总是教你写字吧？"

舍友愣住了，沉默许久之后，她才吐出几个字："她根本就不认字，也从没上过学。"我也不知道说什么才好，读了那么多年的书，都没能猜透一位母亲的爱。莫不是她的母亲因为想念她，特意去学了她留下的字，又怎么会说得那么流畅呢？在那么多个见不到女儿的夜里，阿姨一定总是拿着那些纸条和本子落泪吧。

后来舍友跟我说，她看到这些有些不知所措，因为她发现自己早已忘记当初说过的要帮妈妈承担家务，早已忘记自己当初说过的要让妈妈享福。如今，只知道自己舒服，想买什么买什么，从来没有想着给父母买点什么。

舍友的母亲又拿出一双特别小的鞋子，几件特别小的衣服，对我说："你瞧，这是她小时候穿的衣服，那个时候才两个手掌那么大，现在都比我高半头了。"看得出来，母亲很爱自己的女儿，舍友不在家的时候，她一定总是拿起这些东西来想念吧。

舍友说，她每次回家的时候，母亲都会准备丰盛的饭菜，从不让她做家务，久而久之，她早已形成那种享受的习惯，再也没了帮妈妈做点什么的想法。要不是我去她们家做客，她根本就不知道母亲还把那些她早已经忘记的东西留着呢！

　　我们虽年轻，却总是善忘，把父母对我们的爱忘在脑后，忘记了他们需要什么，忘记了他们喜欢什么。他们虽年纪大了，却永远不会把我们的喜好忘记，也不会忘记我们需要什么，每次一个电话，就知道我们需要钱了，就知道我们受伤了需要抚慰。

　　我想，我的父母也是这么想念我的吧，否则又为什么在看相册的时候能清楚地记得照片上的我当时是喜是忧？否则又怎么能在每次回到家中时都有我爱吃的饭菜？

　　我想，我忽略了父母这么多年的爱，是因为自己读书不够多吧！我多么希望能从书中读到一条"关于如何挽回那些年不曾留意过的父母之爱？"的应用百科，好让我弥补这么多年来一直存在的疾病——善忘。

无法偿还

在这个世界上，欠债还债天经地义，只是，有一种债务无法偿还，那就是爱。我在书中看到过这样一则故事，至今每次读到这段都会热泪盈眶。

那一年，小龙考入了远方一所大学读书，对他来说，或许远离也是一种解脱吧。他的母亲前几年一病不起，父亲好赌成性，这样的生活让他过够了！

大学第一个冬天，雪花在校园内飞舞。小龙喜欢冬天，喜欢看漫天白雪。只是过去，每当这样大雪纷飞的日子，父母都会争吵不休，他从来没有静下心来欣赏过这样美丽的景色。

小龙坐在校园的图书馆里，看着外面漫天的大雪，心中莫名的恐惧和忧伤蔓延开来。他叹息着，心想：要是父母能和平相处，父亲能够争气点，母亲能够健康些，那该多么幸福啊！以后我要是找对象，一定要找一个像雪一样文静、一样纯洁的女孩，不会和我争吵，不会让我难过。

小龙转过头打算继续读书，却看到了一位漂亮的女生。她就像他想象中的梦中情人一样，皮肤雪白，笑容安宁。从那天开始，小龙每天晚上都去那里读书，顺便偷偷地看看她。

　　终于有一次，他得知这位女生是中文系的学生。他觉得既然知道了她的身份，就是缘分，不如写封信告诉她，表达自己一往情深的思念。

　　当晚，小龙买了一叠精致的信纸，用新的碳素笔尽可能地将每一个字都写得漂亮。

你好：

　　此时此刻，我的心情其实是异常复杂的。我不知道写这封信给你，能否传达我对你的思念。外面的雪花依旧安静地下着，尽管冷，但却因为你的存在，让我倍感温暖。请你原谅我没有正面对你表达过爱意，原谅我没有精心地准备一束花或者一份温暖的礼品，而是简单地给你写了一封信。

　　你对于我来说，是那么遥远。虽然我以前总是默默地关注你，却不曾对你说过什么，但我知道，要不是因为你，我可能就深陷忧郁了。可能，你不是太注意我在你身边的日子，也不明白我总是离你远去又慢慢靠近的心情。

　　即便如此，我还是想你啊！你能应我的邀请来与我相见吗？这个周日，在图书馆门口，希望你能来！

　　　　　　　　　　　　　　　　　　　　最最想念你的那个人

　　小龙没有用自己的名字落款，是想增加些神秘感，写完这封信宿舍就熄灯了。所以小龙匆匆地把信塞进了一个信封就睡觉去

了。早上起来，舍长就神秘兮兮地对小龙说，已经把信寄出去
了。小龙惊呼道："你咋知道我寄给她？"舍长笑嘻嘻地说：
"我还不了解你吗？"小龙以为舍长知道了他的小秘密，就没好
意思再问。

周日这天，小龙在宿舍精心打扮了一番，还跟舍友借了香水
喷了喷。小龙赶到图书馆，却发现父亲竟然在那里，小龙惊呆了！
他四处环视了一番，并没有看到那位女孩子。父亲见到小龙高兴极
了，他说："儿啊，我接到信，特意请假赶过来了！"

信？那封信吗？小龙原本疑惑的脸一下子就变成了惊恐，自作
聪明的舍长居然把自己的信寄给了父亲！除了向家里要钱，他可从
来没有往家里寄过信啊！

父亲突然哭了，他抱着小龙说："龙啊，我连夜坐车过来的，
幸亏赶上了！过去，是我对不起你们，如今我找了一份工作，再也
不混日子了！你妈的病也好多了，过不了多久就可以下床走路了。
还是你有出息啊，在这么好的大学读书！我以后再也不赌了！要好
好做人，好好疼你和你妈。"

"爸！"小龙再也没忍住，也哭了起来。他怎么也没想到自
己的父亲可以因为一个约定从大老远的老家连夜坐火车来看他。他
想，如果这是自己的话，最多就是回封信而已。他终于明白，这么
多年，父亲都是爱着自己的，也是爱着这个家的。

不管日子过得多么艰难，父亲从来没有停止过赌博，却因为小
龙的一封信，再也没有赌博过。

小龙没有告诉父亲写那封信的原因。父亲把那封信认真地读了

一遍又一遍，把信保护得就像宝物一样。

　　我们都是好孩子，父母都是好亲人。只是，我们这些好孩子却从来没有因为父母的一句话就来到父母的面前。无论父母如何想念，我们都以各种理由拒绝。那些以爱为名的债务，我们永远无法偿还。

终于失去了你

邻居家的姐姐前一阵子总是来我家做客，她是刚搬过来的，新婚不久。我们两个的年纪相差不多，比较合得来，她握着我的手，高兴地对我说："我终于摆脱父母的束缚了。"

她说自己从小就跟父亲有一种隔阂，不喜欢父亲那种懦弱而粗俗的样子。我也没好意思说些什么。我想，每个被宠爱的孩子都以为父母的爱是不可能丢失的吧。

我见过她的父亲，一个很和蔼的叔叔，并不像她形容的那样，反而很幽默。也许，她把那种幽默当作粗俗的一种来对待吧，心境不一样，眼睛里看到的东西也就不一样。

其实，即便她"逃离"了父母的管辖，父母却依旧不知疲倦地来照顾她。她的娘家离这里差不多一个半小时的车程，她的父母却隔三差五地来看她。

有一次，我正好遇见她的父母，就多聊了几句，站在楼梯口处，她的父母说，她从小就任性、天真，没吃过什么苦，怕她刚结婚和老公闹矛盾，怕她做不好饭，照顾不好自己。老两口讲起自己的女儿，似乎想说的话太多。我想，自己的父母也是这样吧。

也就是这一天，我听到了她们家传来的争吵声，她把防盗门打开，大声地对她的父母说道："早就说了不用你们来，这下倒好，把那么贵重的一套茶具打碎了！老公回来得多心疼！这可是他从欧洲专门带的限量版！快走快走！以后别上这里来了！"说完，我就听见一声"砰"的关门声，随后是她父母匆匆下楼的声音。这是我第一次见到这位姐姐发怒的样子，也是第一次为父母的不容易难过。

从那以后，她的父母就不来了。她脸上的笑容多了起来，又开始跑我家来找我聊天。她说，自己好不容易找到了一个疼爱的人，不想因为父母在中间掺合而导致夫妻不和，那天她越是不让父母帮忙做家务，他们却闲不住，非得帮忙不可，结果把一套非常昂贵的茶具给打碎了。看她的样子，好像在说这辈子最大的阻碍其实就是自己的父母一样。只是，偶尔她也会碎碎念："哎呀，要是妈在这儿，我还能多休息会儿，现在忙死啦，又要上班又要做家务。"

后来，她的父母又开始频繁地走动，听说是她怀上了宝宝，父母高兴得不知道如何表达，买别的怕她嫌弃，特意买了几盆花，说是净化空气，对孕妇有好处。其实，他们是想借助养花来伺候自己的女儿。

在父母的照顾下，她的脸色红润多了，生活跟得上，看着心情也比前几天好多了。只是，这样的日子并不长，我发现她很快又恢复了一个人，身边没有父母跟着，还经常外出。那天，我回家看到她也正好回来，就问："姐，叔叔阿姨呢？怎么没见他们？"

姐姐的眼泪"哗"地下来了，我有些不知所措："对…对不起，姐，我不是故意说这些的，上屋里来坐会吧，和我说说怎么回事。"

原来，她的父亲突发脑溢血，前几天去世了。我的心"咯噔"一下子，上次见到还好好的，这人咋说不行就不行了呢？

她说，她现在晚上睡觉之前，都是父亲疼爱自己的身影，当她生病的时候，父亲曾背着自己去往医院，当她想吃水果的时候，转眼间就可以看到水果。而如今，父亲病了却不给她一个孝顺的机会，父亲想吃水果的时候，她因有孕在身不能及时地下楼给他买点。

我们总以为自己是爸妈一辈子的宝贝，永远也不会失去这份爱，可是，这份爱总是消逝得飞快，在我们还没来得及思索什么，还没有用所学的知识得出什么结论的时候就已经丢失了。我们总是在乎爱人的冷与热，在乎爱人的疼与痛，却从未去注意过父母的悲与苦。

她说，自己也将为人母，不知道自己会不会像自己的父母一样让孩子厌烦，却依然想竭尽自己所能去爱他，不知道自己的孩子会不会体会到自己的一番苦心，却希望他永远过得好。她说，如果生命再重来一回，什么价值昂贵的茶具，什么所谓的自由，都可以不在乎。可是，人生就像一首歌——《我终于失去了你》，当我们终于成功地实现自己的价值，拥有生存的能力和出色的表现，我们也终将失去那份原以为永恒的爱。

当人生第一次感到光荣，当人生第一次感到挫败，当人生第一次感到疼痛，当我们第一次感到愤怒、欢喜、饥饿、寒冷、温热，他们都在身边，教我们宽容、善良、温柔、谦卑。她说，母亲最近苍老了不少，不过幸好她还健康，一定要好好地爱她。

能不忘就不忘

我总说自己是善忘的，但这不是我引以为豪的事情。我想说，我真的不愿意做一个善忘的孩子，最起码在父母面前是这样。

那年，我和父母大吵了一架。原因很简单，我想去离家远一点的地方上学，一来想锻炼自己的独立生活能力，二来是终于可以摆脱家里的束缚。可是，父母却极力反对我的这一想法。

我满腹哀怨地问道："为什么不能让我自己选择一回呢？为什么你们不相信我的能力呢？我真的不想一辈子都待在这个地方。"

父亲严声厉色地对我说："真是胡闹！你去那么远，谁去看你？你回来一趟也不方便，到时候万一被人欺负了，我们都来不及赶过去！"母亲在一旁也皱着眉头对我说："去那么远还不够花车费呢！来回一趟得花多少钱呀？"

也许，父母都希望自己的孩子在身边，不管孩子的能力多强，在他们的眼中永远都是孩子。可是那个时候的我根本不理解。我按照自己的意愿报名，完全不管他们的愤怒和心痛，甚至有些期待看到他们失望的样子。父母得知我真的报了较远的一所学校，并没有对我发脾气，只是有些不高兴。

　　送我上学校的那天，父母陪我起了一个大早，五点多就等我上路。其实我以为没什么大惊小怪，可是当我真正上路，才发现自己竟然真的远离了那个家。

　　父亲是和我一起上路的，背着我的大被子，他说到了学校再买会比较贵，还不如从家里带。我跟在父亲的身后，他一路上一直跟我说："看见了吗？就是这种破地方，让你非得来，有什么好的，离家又远，又没伴。"我倔强地扬起下巴，对父亲说："那又怎么样，我又不需要伴，我都长大了！"父亲嘴里嘟囔着："长大啥啦？啥也不会！"

　　我遗憾自己没有多看一眼为我背着被子的父亲，要不我也不会在大学里肆意挥霍时光。父亲常常对我说："你得好好努力，为咱们家争口气！"我以为这仅仅是一句鼓励的话，却没有想到过这一直是父母最大的心愿。

　　我是那么地心狠，竟然真的以为自己是自由的，除了放长假回家之外，其他时间都借口有事不回家。我知道，父母肯定是希望我回去的，但是我有我的生活圈，难免就把他们给忘记了。

　　直到有一天，我为了证明自己是有能力的，产生了做生意的念头。我和宿舍的几个朋友商量了一下，每人花几百块钱做投资，联系了一位卖化妆品的姐姐。那位姐姐当晚来我们宿舍，说她的产品多么多么好，结果拿了我们的钱后就消失了。我们几个涉世未深的大学生就这么被骗了。

　　我把所有的钱都赌在这上面，就是为了能让父母看得起自己。我对自己说："这下惨了，父母一定会责怪我的！"我给父母打去电话，心里满是对他们的愧疚，我知道父母挣钱很不容易，而我一下子就被骗去那么多钱，心疼得直流眼泪。我生怕父母听出我的颤抖声，我说："妈，你们好吗？我想你们了。有时间我回去看看。"母亲在电话那头并没有说什么，只是让我照顾好自己。但是第二天我的卡里就多了一千块钱。他们一定知道我缺钱了。

其实，我们随口的一句话，父母都当做天大的事情来对待，只是父母的一句话却成了我们反抗的理由。有时候，我总是能听见父母对我的责怪，总是回想当时和父母吵架的情景。

后来，母亲说，在我一个人去外地上大学的日子里，父亲偷偷落泪了。我想象不出那么一个大男人落泪的样子，只是我真的有些心疼，那么多日子，我在学校和朋友们嘻嘻哈哈地度过。而他却在背后哭泣。我承认是我过去不懂事。

再后来，妹妹跟我说，母亲在每次与我挥手道别之后，都会偷偷地落泪。原来，母亲也只是装作坚强，还假作嘲笑父亲呢！

我总在想，要不是多年前我的不懂事，父母也就不会苍老得那么快。现在我毕业回来，就不再会明显觉得他们在变老了。我总是在珍惜自己的人生，却忽略了父母为我忍痛割爱的人生，那些日日夜夜为我付出的情景被我无情地抛在脑后。

我庆幸自己不是患有失忆症的患者，还能够在有生之年记得父母对自己的好，还能够在终将失去的日子里记得父母对自己的恩情。不管曾经对我有过责骂还是嗔怪，我都万分感谢他们没有因为我的失败、怯懦、自私、无情而抛弃我。我希望从出生那天开始，所有有关父母的画面，能不忘就不忘。

天使已老去

人们常说，爱一个人就要爱他的全部。那么，这个世界上最爱我的人，一定就是我的父母。当我还不懂事的时候，常常又哭又闹，晚上不睡觉，白天还乱跑。可是，父母一直守护在我的身边，不管我是鼻涕抹了一脸，还是口水流了一片，他们毫无怨言地为我们擦拭干净，并且还会亲昵地亲着我的脸蛋，一阵疼爱。

现在想想，真的不可思议，如果换成是我父母鼻涕抹了一脸，口水流了一片，我该是一副怎样的表情呀？如果他们晚上需要人照顾却不睡觉，如果他们需要人跟着却在白天乱跑，那么我一定会满嘴抱怨。

可是，父母的爱果真伟大，他们爱我是无怨无悔的，是带着喜悦的。而我又为他们做了些什么呢？母亲最近一直在说一个话题，虽说从她嘴里说出来像一句笑谈，但我知道，在她的心中，是介意了。她说："现在你们谁也不愿意和我在一个被窝睡了啊，从前都说离不开妈妈，现在恨不得离妈妈远远的。这简直是人类最大的背叛啊！"我和妹妹在一旁听着，当作笑话，大家嘻嘻哈哈中也难免体会到一种人类轮回的无奈。

是的，我们在不知不觉中长大了，有了独立生存的能力，就把母亲忘了。虽说，嘴里总是在说要疼爱父母，可是又有谁真正做到了呢？我们觉得好好上大学，找个好工作，努力挣钱就是对父母的报恩，想着以后给父母买最贵的衣服，吃最贵的饭菜。这真的是我们报答父母的方式吗？

一位朋友给我讲过这样一件事情，让我感触太深刻了。他说，人这一辈子，要是活明白了，就算是有价值，否则有多少钱也是白搭。他说，过去有一个人曾一句话点醒了他。朋友老家在遥远的南方小城乡，孤身一人来到北京上班，为的就是不辜负父母对他的期望。从某种意义上讲，他也是个孝顺的小孩。有一天，他在单位上班，遇到一位老领导。因为中午休息，也不太忙，就聊了几句。

老领导问他："小伙子，工作忙吧？"朋友点了点头，领导又问了一些关于他是哪里人之类的一些私人问题。领导忽然想起了什么，问道："小伙子，家里父母多大年纪了？家里哥儿几个？"朋友如实回答："母亲60岁，父亲65，家里还有个大哥。"

"那你多长时间回一次家？"老领导问。

"差不多一年回去一次吧，这边工作也挺忙的，抽不开身。"朋友自认为很爱父母，一年回家一次，在他们单位也算是孝顺的了，还有的三年都不回家。

老领导又问了："那你父母身体可好？再活25年差不多吧？"

"哪能啊？父母身体一般吧，估计20年差不多吧。"朋友没有料到老领导这么八卦，连这种问题都问。

老领导又问了一句："那你不就还能见你父母20面吗？"

朋友万万没有想到老领导会这么说，而之所以惊讶，最主要的就是自己从来没有想过这个问题。20次的机会是什么概念？我们成长的前20年，父母对我们形影不离，无微不至地照顾着，而同样的20年，我们对父母的恩情却报以远走高飞，怎么好意思说自己孝顺？难道他们仅仅需要的是金钱吗？

一个孩子的初长成是多么的不容易，我们的一声呼喊，父母就站在了我们的面前，而父母的数声呼唤也换不来我们的一次珍惜。我们又怎么好意思说自己是孝顺的孩子？

如今，我总是喜欢回家住，而不是在外面图清净。有人说，每次回家，父母都会准备好多的饭菜，怕他们累着，休息不好。其实，我们不回家的日子，他们一样担心我们，而摆出一副吃饭菜的架势，也无非是想表达一下对我们的想念。

他们都是老去的天使，把新生的翅膀给了我们。我们可以越飞越高，而他们却再也不能飞翔。有一天，他们终究会老去，成了普通的老人。我们不会再想起他们曾经是一位伟大的天使，曾经为这个世界创造过奇迹。

而我们也对自己是天使的事情毫不知情，但是总有一天，弱小的孩子会站在厨房门口，看着正在忙碌的你，说："你是不是天使？"

再抱一次

　　如果你拥抱过自己的朋友，拥抱过自己的爱人，却没有拥抱过自己的父母，那么你依然没资格说自己爱父母。

　　我们总是以为，只要给父母足够的物质生活就算是尽孝。我们总是以为，只要把爱给自己的爱人和孩子就可以让父母安心。我们总是以为，只要自己的努力得到认可就算被认同。可我们忘了，父母也是希望我们去关爱的。

　　雪小禅写过一篇文章叫《抱一抱母亲》，里面那个男主人公一直和母亲隔得很远，他以为自己长大了，以为自己娶妻生子，工作繁忙就可以光明正大地不去看自己的母亲了。

　　但是，他的母亲病倒了。从医生的语气中，他得知母亲的病很严重，需要住院治疗一段时间。母亲看起来十分憔悴，却依然嘱咐他要多照顾身体。他是家里的独生子，父亲去世得早，母亲现在最需要他了。尽管他的生意正处顶峰，每耽误一天可能会损失很多钱，但是责任心强的他选择留在母亲的身边。

　　母亲已经虚弱到不能走路了，为了进行各种各样的检查，他只好把母亲抱起来放在轮椅上，然后再把母亲放到检查台上。那是他第一次抱起母亲，而在那一刹那，他突然就很想落泪。

他经常抱自己的儿子，也经常抱自己的妻子，却从来没有抱过母亲。而他根本没有想到，母亲竟然非常轻，就连身上的骨头都能硌疼他。他以为那个一直守护着他的母亲还有着厚实的身躯，还是那个为他挡风遮雨的母亲，却不想母亲也有衰老的一天，也有需要他的一天。

母亲却在这个时候惊慌失措，她大呼："你抱得动我吗？你把我一点一点挪过去就行。"他的心颤抖着，儿子和妻子只会更爱他，却从不担心他会不会累。他看到母亲的眼角泛着泪水，他才知道母亲也喜欢被抱。

一个月的时间里，他整天抱着母亲穿梭在医院的各个部门，再也不想借口离开或者逃离。他从未这样近距离地接触过母亲，也从未这样近距离地感受过母亲所需要的爱。他开始觉得母亲也是个老小孩，直到母亲渐渐康复。

他终于明白这场疾病是为他而生，尽管疼在母亲身上，同样也疼在他的心里。他回到家里的第一个动作就是拥抱母亲，然后是给自己的妻儿。文章的结尾说："如果母亲仍然健在，那么，请拥抱自己的母亲吧。"

其实，我也从未意识到父母是如此渴望被爱，而并非一味地只想付出。在每次回家的时候，父母总是在客厅等待着我，并不是他们非要这样做不可，而是希望孩子能给自己一个安慰，不管是拥抱也好，牵手也好，即便是仅仅一个微笑。他们都不会觉得自己委屈了一生。

　　那一年，为了追求学校里的男生，我花了两周时间为他织了一条围巾。在他生日的夜晚，我幸福地把围巾戴在他的脖子上，可他却说不喜欢。我拿着围巾，呆呆地站在路旁，心底冰凉。然而，父亲看到之后还以为那是织给他的，高兴得满是笑容。这样的小事一直在身边，而我们从来都只是选择忽略。

　　我们不知道，总有那么一个人默默地为你付出，而这种爱也会随时光流转渐渐消失。所以趁父母都还安好，一定要从实际行动中"再抱一次"他们，别让他们觉得自己一生一世的付出是委屈。

第四章
CHAPTER FOUR
我们都忘了爱自己

　　为了能够从众人中享受被选中的喜悦，我将童年时代、少年时代、青年时代全都送给了学校。尽管道路难行，可我也抛下许许多多的舍不得而不断前行。但是当我毅然决然地选择继续，却发现有个浅色的自己站在风中不肯摇动。

　　我的人生站在她的身后，我才知道，走过了那么遥远的昨天，却忘了爱自己。她就像个孤独无助的小孩，我不知道她究竟多久没开心过了。有时候，自己不是无理取闹，不是自我沉醉，而是不知道该怎样心安如水。

　　请你不要哭泣，我答应你，在未来的岁月中，让你走在前方，为我指明路航。但是，你也一定要答应我，不要再烦恼。

我们都忘了爱自己

有时候，我们都忘了爱自己。

如果有一天，我们成功地住进了梦寐以求的花园复式别墅，我们成功地牵住了心爱的人的手，我们成功地当上了某公司的领导，我们成功地在银行卡里存入了很多很多钱。如果有一天，我们成功地摆脱了困扰自己无数个深夜的贫穷，我们成功地从被人嘲笑的牢笼中挣脱，我们成功地从被人踩在脚下奋斗到高人一等，这是否就是我们想要的幸福？

但是这样的生活，我们拿什么换取？我们原本向往的生活变成了早出晚归的应酬，我们想停下来，却根本不可能。因为我们穷怕了，因为我们离不开所谓的成功。

有一天，我问朋友："你最理想的工作是什么？"本来希望他能说出"想做老师，因为老师这个职业神圣"，或者"想做记者，因为这个职业具有挑战性"之类的回答，但是他的回答令我大吃一惊。

他说："我的理想工作就是能够发挥我所能，自由支配时间。一下子接收一年的工作，然后花半年的时间来完成，这样我就可以挣到双倍的钱。"

我的第一反应是他很缺钱，竟然能把时间压缩到一半，一定是非常想挣钱，我问道："下半年再找份工作呗，多挣点钱。"我的潜意识里并没有觉得这样想有什么错，毕竟谁离了钱都活不了，在这个社会里，如此奋斗的人也不乏少数。

"当然不是，我已经用半年的时间挣来了一年的收入，剩下的半年我该好好放松，去度个假，旅个游，做点自己想做的事情。"他对我的话表示惊讶，好像对人们怎么可以把所有的时间都放在挣钱上感到疑惑。

此时，我们的思想已经不在同一条轨道上了。我有些可惜那省下来的半年的美好时光，难道不应该趁着年轻赶紧奋斗吗？我说道："那可真是遗憾了，半年的时光就那么浪费掉了！"

"怎么是浪费呢？那半年的时光你是可以花钱买来的吗？这时间是我通过努力赚到的，就是用来享乐的。这很贵的，好不好？"

我的心被震撼了，原来我们一直追求的美好时光并非用来拼命奋斗，而是该忙里偷闲。为了那虚无的金钱，连自己的生活和幸福都赌进去，那么就算有再多的钱又能怎么样呢？

有时候，我们只是忘记了爱自己。把所有的时光全都奉献给了欲望和利益，一刻不得闲，最终困顿劳苦的还是自己。

心安如水

朋友去了日本，当了日本某家公司的程序员。今天和她聊天时聊到了日本的生活环境，她说自从踏上那片土地，就不想回来了。她打算明年申请在日本定居，然后让男朋友也过去。

说实话，我是有些嫉妒之心的。毕竟在这样一个充满竞争的社会中，谁都希望自己是过得最好的那个。过去，我一直想去日本转一转，并不是有多喜欢那个国家，而是喜欢那里的樱花和动漫。

也许是因为先行一步的优越，她的话语里充满了轻松，而我作为听者则依旧心情沉重。我是放不开心的，可能并不仅仅因为她挣的钱比我多，而是因为曾经在我身边的普通人，一下子出了国。

中午我和朋友聊起这件事，他告诉我要"心安如水"。我反问他："如何心安如水？"

他说，优秀的人太多了，如果你哪个都嫉妒，哪个都想超越，最后依然一事无成，还不如做好自己，在自己的道路上赢得胜利，不该是值得快乐的吗？所以，应该让自己心安如水，不被外界的声色天马所干扰。

最近，我接触到许多淡泊名利的故事，大部分都在说，人们其实不该为世俗所困扰，如果把金钱、情欲、利益都放下，苦恼也就放下了，那么，再巨大的魔鬼也难以侵入我们的内心。

可是，我突然发现，自己还是会为了琐事而困惑，竟然还会为了朋友生活得不错而审视自己。我又困惑了，这次的困惑不是来自对未来的迷茫和对当下的不满，而是迷惑我竟不能控制自己的内心，不能做到心安如水。

而且我发现，即便是那个劝我放下一切的朋友，也会因工作上的不顺利而愁眉不展，也许，劝解别人的时候人们总是振振有词，而轮到自己又是另一回事儿。

迎着月光，我走在回家的路上，依然在琢磨这件事情，如何能做到"一切皆空"？我的脑海中蹦出许多诗句："看山是山时，看水是水；看山不是山时，看水也不是水。""放下一切，四大皆空""承认自己的修行，内心的修行不欠缺"……我摇了摇头，所有的事情都想不明白。

经过绞尽脑汁的思考，我终于得出了一个结论：千万不要一上来就对这个世界淡然处之，因为你根本就不可能无欲无求。只有等你什么都真正拥有过，再放弃一切，才能达到真正的心安如水，这就是所谓的"拿得起，放得下。"而我，尚未拿起过，又何谈放下。

明白了这些，我又开始审视自己的人生。我想，也许不该从一开始就对万物无动于衷，既然做不到对旁人的生活熟视无睹，那么还不如一鼓作气，为自己的"嫉妒之心"争取点什么。

真正的心安如水，是不再屑于和别人争论是非，不再和别人一决高下，你不争不吵，别人就会自觉卑微，这是从灵魂深处散发出来的释怀。倘若做不到，还不如勇敢地去拼搏，让内心的水沸腾，再慢慢升华成境界——心安如水的境界。

如果有机会，我一定要告诉所有的朋友，我们常说的"心安如水"不过是安慰自己的一种把戏，既然一味地抑制自己争取、竞争的能量，刻意追求"心安如水"是虐待自己的表现，倒不如奋力追求，也许，到沸腾后升华为从容的那一天，我们就能真正谈论心安如水了。

安她半世凤凰巢

她是薛家大小姐薛湘灵，也曾挑剔嫁妆的不完美，也曾嫌弃仆人的照顾不周到，可她终究是做了让世代歌颂的赠囊之人。

偶然想起了这位活在戏中的人物，便感叹世间造化弄人。那年登州富户薛湘灵一家也过着贵族的生活，这位骄矜小姐也是挑剔刻薄的人儿一枚。按照当地的习俗，嫁女要陪嫁"锁麟囊"，里面装满奇珍异宝。

婚期将至，花轿内的她心怀欣喜，满面红光。忽遇大雨，娶亲队伍只好在春秋亭暂且躲避。此时又来一花轿，新娘是贫女赵守贞，轿中的她啼哭嚎啕。湘灵此时明白了，"我正富足她正少，她为饥寒我为娇。"

湘灵吩咐丫鬟梅香把锁麟囊赠与赵守贞，不报姓名，不夸富豪。也许这场雨就是为了促成两人的缘分，忽落又忽停，两轿各自离去。

六年后，登州遇大水，被冲散了家人的湘灵无依无靠，独自漂泊来到莱州，被当地绅士卢胜筹聘为卢子保姆。湘灵陪伴卢子在院中游戏，忽然百感交集，想起当年自己也是那般娇生惯养，也曾施囊于人，如今却落得如此下场。正当湘灵思绪缥缈之际，卢子抛一球入卢家禁地。卢夫人有禁例，谁也不许进入此楼。湘灵恍惚间闯入楼中为卢子取球,却见到自己当日赠人的锁麟囊被供奉在案台上,不自觉地留下了眼泪。

原来,卢夫人就是当年的赵守贞,得知湘灵就是当年那个赠囊人后,把她待为上宾,并且帮助她找回了自己的家人。

尽管"人情冷暖凭天造,谁能移动他半分毫",可如果薛湘灵当年袖手旁观,又怎么会在六年之后得到卢夫人的相助呢?说到底还是薛湘灵自己救了自己。

人们总喜欢活在优越的生活环境中,可是命运的安排自有定数,不定什么时候我们也会被生活所迫嚎啕哭泣,如果此时身边的人对我们乱解嘲,我们是否会开心?

不是每个人都要为以后的悲惨命运提前找救命金牌,而是说生在世上的人都应该同病相怜,你过得好、他过得不好的时候你要慷慨解囊;如果他过得好、你过得不好,如果他善心未灭,也同样会帮助你。

但是我们不要认为所有的付出都是有回报的,只能说你的付出说不定在什么时候会回报给你。莫不要把自己所做的事情都记录下来,非要看看自己的善行得到了什么样的回报。如果我们为了得到而去付出,那不叫善良,也不叫品德高尚,而是生意中的交换,是没有恩情在里面的。

不是自己得不到什么,而是自己付出得太少,无法得到什么。只有给予别人最好的东西,自己才有可能得到意想不到的收获。凡事要做到心中无愧,正气浩然。当别人有困难的时候,"分我一枝珊瑚宝,安她半世凤凰巢"又何妨?

安心睡眠

躺在床上辗转反侧，睡不着觉，这种疾病在现代社会中是种"通病"。不是我一个人有这种情况，而是大部分年轻人身上都存在。

"我的宝贝，祝你每天都好眠。"歌里是这样唱的，我就发笑，心想："困了自然就睡了，有什么好眠不好眠？"可当我大半夜还躺在床上睡不着的时候，这句祝福显得尤为重要。

小的时候，父母会拍打着自己的身子，哄自己睡着。而现在呢？爱睡不睡，没人管你。其实，我不是睡不着，而是宁可睁着眼睛看时间一分一秒地过去，就不想闭上眼睛睡觉。我已经很困了，却依然不想睡着。是怕我睡着后发生什么不测么？是怕我睡着后做噩梦吗？是怕我睡着后时间转眼又过去了吗？都不是，我的不安并非来自于这些，说不清，总之就是不想睡。

古人常说："日出而作，日落而息"，可现在的职场人士是"晚上不想睡，早上不想起。"完全和自然规律唱了反调，如此循环，身体肯定要吃不消了。

皮肤变得越来越差，精神变得越来越差，工作效率变得越来差，记忆水平变得越来越差，这不是提前进入老年状态吗？我一面着急，一面继续晚睡晚起，要不是上下班有时间要求，恐怕我的日夜都要颠倒了。

尤其是周五的晚上，深知周六不需要早起，明知道自己困得直打哈欠了，还是强打着精神看个电影，或者看会儿书，就是不睡。这不是折磨自己吗？而且这种现象不是存在于我一个人身上，难道现在大部分人都开始折磨自己了？

有人说，身体是革命的本钱，没了身体什么都没有意义。所以，我开始约束自己一定要好好休息。

每个人每天都只有24小时，我们是否该留出三分之一的时间给睡眠？有些人认为睡眠时间过长，等于把可以用于奋斗的时间都浪费在睡眠上，岂不是暴殄天物，还不如趁着别人睡觉的时间去做一番大事业。可即便我们醒着，又有几个人是在真正的奋斗？

倘若说是真的在奋斗，在为第二天的工作而准备。可我们是抗拒不了生理规律的，第二天白天就等着打瞌睡吧！与其第二天上班的时候打瞌睡，为什么头天晚上非要熬夜呢？

我尝试着强迫自己早些入睡。第一天，我睡得很早，第二天早上起床依然很困难，但是一天中几乎没怎么打瞌睡。第二天晚上我依旧睡得很早，第三天很自然地就起床了，白天的精力相对别人强很多。第三天还是睡得很早，第四天早上起床后，我的心情十分愉快，不但工作效率高，反应也变快了，记忆力也很好。身边的同事都以为我有什么好事，其实只是睡了个好觉。

　　我现在才真正理解了，"睡得好吗？""晚安"这样简单的问候和祝福具有真理般的价值。原来，是我忽略了生活中微妙的力量，古人早已参透了其中的奥秘，才告诉我们"早睡早起身体好"。况且，在因快节奏而丢弃慢生活的现代社会，睡觉也变得奢侈，没理由不去珍惜每一个好觉啊！

草木一秋

一说起"草木一秋"这个词，就有种凄凉的情感在里面。最近听到一则消息，因为事情距离我不远，所以有些伤感。

妹妹所在的学校是市重点中学，其他学校的老师们都想方设法地托关系，走后门，想进这所中学。前一阵子，妹妹所在班级历史老师的丈夫被调到这所学校来了。这样，历史老师和她丈夫可以在一所学校里教课，一起回家，一起上班，多好的生活啊！

然而，命运总是喜欢开恶意的玩笑。不久后的一天，历史老师正在给同学们上课，突然被叫到教室外，再进来的时候已经泣不成声了。妹妹说，历史老师的丈夫因心肌梗塞倒在了讲台上。这样的噩耗是多么尖锐的一把刀啊，生生地刺在历史老师的心上。

我们知道"人固有一死"，却不知道死亡距离自己也曾那么近。那个心爱的人都可以一声不响地倒下，还有什么比死亡更容易打击一个人？

妹妹说，历史老师都哭晕了。逝者长已矣，我们不是草木一秋又是什么呢？草木还有重来日，我们就没有再来时了。

其实，我们没理由去为别人伤悲，因为"日薄西山，气息奄奄，人命危浅，朝不虑夕"。死神也在等待着我们呢！可我不甘心就那么突然逝去，留不下一句整话，留不下一份念想。

为了不让自己和家人失望，我们只有好好保重身体，在命运企图让我们倒下的时候，能够站稳脚跟，让命运交回给自己掌握。

这件事让我想起曾经看过的一个故事：女孩和男孩在同一个公司上班，久而久之产生了好感，就私定终身。在一起的三年时光过得真快，转眼间男孩已经成为了公司的骨干，女孩也成为了公司的顶梁柱。只是他们没有结婚。不是他们不想结婚，而是男孩觉得自己应该多奋斗奋斗，让女孩过上好日子。

男孩整天加班，因为责任在身，他带领的团队也比其他团队更辛苦，每次都忙到凌晨才回家休息。女孩有时会陪着他加班，有时会给他熬点滋补的养品。他们的辛苦得到了应有的回报，老板非常器重男孩。

正在男孩的事业干得风生水起的时候，女孩发现自己怀孕了。她原以为这件事情会让男孩为难，却没想到男孩高兴地向女孩求婚了。

在一起七年了，女孩听到男孩那声"嫁给我吧"，顿时泪如泉涌。不知道是激动还是感伤。他们去拍了婚纱照，设计了自己专属的婚礼和婚纱，老板还送了十万块作为礼金祝福他们。多么让人羡慕的一对佳人啊！

可是，男孩的事业心很重，非要在结婚之前把手里运作的项目做出来。结婚之前的两周里，他几乎整天整夜加班，终于在婚礼的头天晚上把所有的项目稿交了上去。男孩倒头就睡，女孩以为他累

　　了，没有叫醒他。谁知这一睡就再也没起来。婚礼当天早上起来的时候，女孩发现男孩已经没有了呼吸。

　　医生说，这就是现在流行的死亡疾病——过劳死。女孩后悔了，要是自己能早些提醒他注意休息，如果自己不那么仓促地怀孕，如果自己可以细心地照顾他，或许他就不会死去。

　　也许，死亡对于谁来说都是再正常不过的事情，但我们这样不珍惜自己的身体，又有什么理由责怪命运的无情？说到底，还是自己对待自己无情啊！

那么一条大路

有那么一条大路，你一辈子只能走上一回，如果你勇敢地面对了路上的艰难险阻，那么不远的地方就是天堂。

因为这条路的尽头是天堂，所以不是谁都可以踏上这条路，只有人生目标明确，有相应能力并且坚定不移的勇敢者才可以开始旅程。为了迷惑众生，上帝安排了无数的道路，如果我们没有做好选择，就会走上歧途，

尽管道路有千万条，但只有一条是属于你自己的道路。而一旦走上这条适合我们的路就会让我们在路途中引吭高歌，发挥自己的最大能量。

李时珍是我国伟大的古代医学家、药物学家。他出生于医学世家，成年后继承了家业，当他认清楚自己的道路后，便义无反顾地上路了。历时27年，李时珍走遍了中国的大江南北，终于编成了举世闻名的医学药典《本草纲目》，让后人受益无穷。

也许，我们还不清楚自己究竟要走哪条路，但最起码我们要知道，未来我们只有一条路可以走，而不是三心二意地到处走一走。

　　前一阵子，公司面向社会招聘职员。一天下午，来了一位男生，他的着装十分得体，精致的领带搭配着整洁的西服，口齿伶俐，学历也非常高。可是，招聘人员还是对他说了对不起。他始终不明白为什么自己这么优秀的人才会遭到拒绝。

　　于是，在面试后他又再次来到公司，会见了那位招聘人员。他不解地问道："我想请问一下我被拒绝的理由。"

　　招聘人员客气地对他说："因为你的工作经验太过于丰富了。"

　　这算什么回答？眼看着招聘人员又要离开，他便上前一步挡住了去路，问道："我的经验丰富怎么就不好了？这招聘单上也说了要经验丰富的人啊？"

　　招聘人员看他这么执着，就耐心地说道："不是你的经验丰富了不好，而是你的经验太丰富。你说你大学毕业之前就开始上班，这我们很欣赏。你说你刚毕业就进了一家外企上班，而且工作质量非常高，我们也非常欣赏。你说你擅长的领域很多，我们也非常欣赏。可是你每次在一个公司或一个职位上最多待上三个月，而我们公司需要的人才是可以为公司付出，并且持之以恒的人。而且你是如何辞职的我也不清楚，为什么那么多家好的企业都留不住你呢？"

　　这位男生还想说些什么，但一张嘴又不知道说什么。看得出来，他很聪明，但是在选择工作的时候"聪明反被聪明误"了。每个人都有各个方面的天赋，也许他的智商很高，能够很快领悟到工作要领，也许他认为自己具备了解所有知识的能力，但实际上，他自己所认为的"聪明"把他给毁了。

　　没有哪个老板敢要一个喜欢跳槽的员工，并且这个员工还自诩聪明。他以为自己掌握了大局，却不知道，老板更喜欢自己身边有一个踏实肯干的老实职员，也不愿意身边留一个油腔滑调的危险职员。

　　这位男生对每个行业都浅尝辄止，还说自己经验丰富，这不是等着别人拒绝他吗？他以为自己在寻找更适合自己的职业，却连每个职业的入门阶段都没摸透。三个月的时间，不管是不是聪明的职员，对新入职员工来说都只是刚刚实习而已，他却连三个月的实习期都干不满就辞职。

　　每个人面前都有一条路，但不是因为你有才能就会走上对的道路，而是要看你的内心够不够坚定，如果你坚定自己所走的路是对的，那么走到尽头就会发现天堂。如果你想投机取巧，在每条道路上都试试，那么只能是浪费时间。

　　因为每条路看似都通往地狱，但只要当你披荆斩棘走过了道路上所有的风景，看见的就是天堂。所以，内心的坚定信念才是通往天堂的法宝和指示牌，而非因为走上了那条正确的大路。

第五章
CHAPTER FIVE
千万个于心不忍

　　如果，允许我说出内心的话语，我要说我不是自暴自弃，我的挣扎只是为了能在这个满是伤口的世界中尽全力保护自己。

　　如果，允许我站起来战斗，我不只会在决斗中流下鲜血，我还会对人生赐予我无限的信仰感激不尽。

　　必要的时候，我也曾经说出谎言，也曾为了维护自尊心而发起攻击。但在这条并不是风平浪静的道路上，我也曾有过千千万万个于心不忍，也曾满怀希望却经受着打击。

　　我说不清楚为什么世界不是完美的，但我知道，我的人生一定是完美的。

千万个于心不忍

人们背负着沉重的十字架，在路上艰难地行走着。这场关于人生的比赛好比爬山，适当的时候，是需要舍弃一些东西的。即便我们得到的是最小的十字架，即便我们精力充沛，也都需要舍弃。

如果我们舍得丢掉，就会换来更加丰厚的东西，只是这种舍弃需要太多的勇气。对我们的欲望是一种挑战，对我们的状态也是一种挑战。

这是一个关于父亲教育儿子的故事：这天早上起床，儿子想吃荷包蛋面条，便让父亲去做饭。父亲想，正好趁着这个机会教育教育儿子。于是他做了两碗面条，把荷包蛋放在面条上。其中一个碗里的面条上卧着一个荷包蛋，另一个碗里只有面条，没有鸡蛋。父亲将两碗面条端到饭桌上，问儿子："儿子，你要吃哪碗啊？"

儿子已经饿极了，看到有荷包蛋的那碗眼睛都直了。他指着荷包蛋说："就要这碗吧！"父亲趁机对小家伙说："古时候的孔融七岁就懂得让梨了，你都十岁了。"儿子可能是太馋了，便说："他是孔融，又不是我，我就不让！"父亲问："真不让？"儿子来不及回答父亲的问话，马上在荷包蛋上咬了一口。

　　父亲对儿子的动作和惊人的速度还挺吃惊，忍不住又问了一遍："你真的不后悔吗？"儿子为了表示自己的决心，把整个荷包蛋都吃了。父亲没再说什么，而是拿过另外一碗默默地吃着，儿子突然发现父亲碗里的面条下面有两个鸡蛋！父亲对儿子说："儿子，想贪便宜的人，最后往往得不到真正的便宜。"儿子吃惊地呆住了！

　　过了一段时间，父亲早上又给儿子做了两碗荷包蛋面条，也是一碗荷包蛋卧在面条上面，一碗上面什么都没有。父亲笑吟吟地问儿子："儿子，这次吃哪一碗呀？"有了上次的教训，儿子这次很聪明地拿过了那碗没有鸡蛋的面条，他对父亲说："我已经十岁了，应该向孔融学习，我让给您吃那个蛋。"说着就迅速地端起碗吃了起来，可是一口气吃到碗底，也没见到鸡蛋的影子。

　　父亲若无其事地拿起另外一碗，也开始吃，儿子没想到，父亲的那碗面条上面卧着个荷包蛋，面条下面还藏着个荷包蛋。父亲指着碗里的荷包蛋说："自以为聪明，并且想贪图便宜的人，是要吃大亏的！"

　　数月后，父亲又端上两碗荷包蛋面条，和前两次一样，一碗有蛋，一碗没有蛋。他问："儿子，这次你选择吃哪碗？"儿子没有了前两次的急躁，也没打算贪图鸡蛋，对父亲说："请您先吃吧！我不抢着吃荷包蛋了，您先吃！"父亲一听，心中暗喜，端起那碗有荷包蛋的面条吃了起来。儿子不但没和父亲抢，还很平静地端起另外一碗吃了起来，不久，他就看见了藏在碗底的两个鸡蛋。儿子惊讶地看着父亲，似乎不敢相信自己竟然选到了前两次一直得不到的荷包蛋。

父亲意味深长地对儿子说："只要你不想着占便宜，你就会得到更多！"

父亲教给儿子的不只是得到荷包蛋的道理，而是告诉儿子，做人应该学会舍弃贪欲，舍弃那些你看似认为珍贵的东西。即便你也曾因为丢失这些而于心不忍，即便你也曾为此彻夜难眠。但如果你执着于得到它，反而会失去得更快。

人生的道路上，不管你是不是上帝钦点的那位行路人，都要保持一颗平常心，看淡是非，看淡诱惑，你得到的会是你想到的双倍。

天下难容之事

生活带给我们很多不快乐和不公平，可纵使是天下难容之事，也要容在我们的胸怀。因为有时候，你越害怕、越抵触某件事物，它越会像魔鬼一样跟着你。还不如直接勇敢地面对，容下了，就什么都不怕了。

高中二年级，我遇见了最好的闺蜜，只是她不温柔，不娇小，也不算美丽。班里的同学都叫她"巨人"，还嘲笑她笨拙。

她的皮肤有点黑，身高超过班里大多数的男生，稍微有些胖，戴着一副标准的学生镜。那个时候，班级里容易出现集体孤立某人或者嘲笑某人的现象，因为都是孩子，很容易就倾向了多数人的那边。

那时，我们都不知道人是会变的，也不知道命运如此伟大。只知道，在学校不被别人嘲笑和孤立就是很好的事情。

课间操的时候，老师为了使队伍整齐，把她安排到男生堆里的最后一排。她眼中含泪，却什么也没有说。我只是偶然瞥了一眼，倒也没想什么，因为哨声响起来了，大家就稀稀拉拉地跑起步来。

后来她对我说最怕上课间操，因为课间操的时候，她被安排进

一个不属于她的世界，不光是被嘲笑和孤立这么简单，还有一种不
安的心情存在。

我和她熟络起来是因为一堂体育课，至今依然记得清晰，那是
夏季炎热的午后，上下午第二节课。

我们都有自己的朋友圈，那堂体育课，我和朋友们约好打羽毛
球。大家玩得很开心，一连几局下来我都是胜利者，顾不得太阳将
我们烤灼，顾不得全身都是汗水。空气中流动的气氛都是热的，但
年轻气盛的我们又怎么会在乎这些呢。

又一轮比赛开始了，我打头阵，却没想到在平地上居然把脚给
崴了！我疼得有些无法忍受，可能是先前剧烈运动的杰作吧！我佯
装坚强地对朋友们说了句没事，就跑到阴凉处休息。

就是在这时，我注意到距我们打羽毛球的地方不远处有个身
影，是她！她刚才一直在专注地看我们打羽毛球，脸上的笑容还未
消失，不过她现在注意到我了。我不敢和她对视，怕她跑过来和我
说话，于是低着头轻揉着脚。

可是越怕什么越来什么，她迅速地跑过来问我怎么了。我尴尬
地回应："没事，脚崴了。"气氛有些尴尬，我们就这么沉默了十
几秒钟，对于我来说有些煎熬。她率先打破僵局，对我说："走，
我扶你去医务室，再不去你的脚会肿起来的，那样就更不好了。"
她说完就把我拉了起来，我非常佩服她的力气，直接把我给拽起
来了。

我有些措手不及，又不好意思直接回绝她，朋友们显然也看到
了这一切，看着我们，嘴里还说着什么。我想，一定是在说我和她

相处得有多么融洽吧！我也知道，她们嘴里说出这些话不是赞美和欣赏，而是嘲笑。

她带我去了医务室，细心地帮助我上药，用热毛巾为我敷脚，甚至还嘱咐我平时要注意休息什么的。我在心里暗想，我和她又没有来往，甚至也是站在她的对立人群中的一个，她为什么要帮我呢？

我结结巴巴地问道："你为什么要帮我？你不怕我嘲笑你吗？和她们一样？"问出这句话，我就后悔了，因为这种事情多少有些难堪，直接说出来，就像揭了她的伤口。

她笑着对我说："大度能容，容天下难容之事。我在课外书上看到这句话，我的怨恨就全都消了。我想做一个大度的人，因为我知道，这是我不得不做的事情。我无法不原谅那些嘲笑我和孤立我的同学，即便这是很难容的事情，可是当我明白之后，就再也不会在夜里哭了。"

后来，我们彼此越来越熟悉，我总是学习她的"大度难容"，我想，就这么一项品质就超过了所有外表鲜亮的人们。上了大学后，她变得越来越美丽，皮肤逐渐变白，身材也变得非常苗条，由于身高超过普通人，被很多男生称为"女神"，再也没有人嘲笑她。

我们都有过不去的"难容之事"，可是谁又能保证以后不再变了？谁又能说她一定永远是丑女一个？谁又知道"难容之事"永远不会过去？凡事都是短暂的，所以它来临时，我们才更加需要"大度能容，容天下难容之事"。

我们和好吧

与那个伤害过自己的人说出"我们和好吧"这句话，有多难呢？也许是人情险恶，让我们的防御系统自动升级，不再去相信任何人；也许是圆融世故，让我们明白了有些事说了可以不一定做到，所谓的情谊也变得不再那么重要。总之，"我们和好吧"是一句比"我爱你"、"对不起"更矫情的话语。

小区里有许多小朋友，为了方便孩子们上幼儿园，很多父母都把孩子送到小区内开设的私人幼儿园。每天早上，都可以听到幼儿园的儿歌响彻小区，孩子们的欢笑声也让我们心情舒畅，有时候我都希望自己回到小时候，和孩子们一起玩耍。

这天，我路过幼儿园，听到有小朋友的哭声，好奇心让我驻足观望了一下。几个老师正在院子里忙来忙去，两个小朋友为争夺一个滑梯在那争吵，一个孩子已经哭了。这时，老师听见哭声跑了过来，询问缘由。

哭了的孩子对老师诉苦："老师，他打我！"说着又开始哭泣。另外一个孩子可能也看出形势不利于自己，于是也哭了起来，边哭边说："老师，我没打他，是他先打我的！本来就该我玩滑梯了！他老是占着不让我玩！"

两个孩子哭得更加厉害了！由于我也是在闲逛，就索性看看幼儿园老师怎么解决这件事情。说实话，我觉得有时候弱者不一定会哭泣，哭泣的不一定是受害者。就像两个孩子，也许是那个早哭的孩子不让别人玩滑梯呢。

我想，这回老师要好好断断案了，千万不能让弱势的小朋友再受委屈了！老师笑着对他们俩说："你们还是不是好朋友了？"两个孩子点了点头，老师又说道："你们是不是都想玩滑梯？"，"你们是不是希望你的好朋友也高兴？""那你们是不是也让你的好朋友多玩一下呢？"两个小朋友眼睛里还泛着泪水，但小脑袋都点着头。

那个受委屈的孩子忽然牵起另外那个孩子的手，对他说："我们和好吧！走，玩滑梯去！"老师在一边笑着说道："这就对了，你们都很懂事，老师要好好表扬你们咯！去玩吧！"

我在一边有些惊讶，按照常理，老师会说："谁让你打人了？打人就是不对！还哭？哭有什么用？他小你就不能让着点吗？"我想，如果这么说的话，那个受委屈的孩子和弱小的孩子都不会得到真正的心理安慰，而是越来越叛逆，最后连老师都不喜欢了。

我很欣赏这位老师的做法，但我更欣赏孩子们的善良和天真。在孩子们的眼中，没有什么是深仇大恨，即便是背叛和争夺，即便是贪婪和盗取，都会被轻易地原谅。人们都说童真最可贵，并不只是那种简单的头脑，而更是那种豁达的胸怀。在那样的小脑袋当

中，在样的小心脏当中，竟能盛下所有人类的罪恶。或许，是因为
大人们的心中存放了许多垃圾的世俗故事吧！

　　"我们和好吧！"是儿童世界最善良的话语，说出来也没那么
矫情。我想，是不是我们在生活中也能尝试着去和"仇人"和好，
就算他依旧罪恶，就算他依旧背叛，如果没有原谅，那世界的美丽
又该在何处存在呢？

一笑百媚生

我知道"一笑百媚生"这句诗放在这个充满悲伤、原谅、不忍、舍弃、劫难的"于心不忍"的章节中显得有些突兀。我知道"一笑百媚生"这句诗为了形容杨贵妃的美艳。可是，如果我们能够放下心中的浮尘，看看路上的行人，谁不是"一笑百媚生"？

笑容是最伟大的力量，可以冰释一切即将冻结的悲剧，可以让你在冰天雪地找到温暖，可以把我们心中的黑暗驱走。

要不是因为一件事情，我也不会明白，这个世界上的笑容有那么动人，更不会明白，不是漂亮的人笑容才美，而是所有的笑容都美。

地铁站内人来人往，每天都熙熙攘攘，如果你匆匆而过，也许不会注意那些坐在地上弹唱的流浪者。和上班族、学生党不一样，流浪者们有充足的自由，同时也有充足的悲情之声。也许有一天，我也会向往他的生活，自由，简单。

这段时间我总是看到他，已经是第三次了。我在这里路过的前两次仅仅瞥了他一眼就匆匆走过了，但是出于正常的思维模式，在我第三次见到他的时候，自然而然地多注意了他。

他是我印象当中的艺术家，头发松散且神情自若，他就那么坐在几张报纸上，面前是装吉他的包，里面零零散散地装着几块钱。

我仔细考虑了一下，发现其实下午也没什么事情，还不如走近他，听他唱上一曲。

我走到一个靠近他但是又不至于引起他注意的地方，继续仔细打量他。他的衣着宽松另类，和怀中抱着的吉他正相配。面前有那么多过客，他全然不在乎。他清唱了一首歌曲，嗓音干净得让人不敢相信竟是从他的嘴里发出，姿态优雅得像皇族绅士，自始至终都没有在意围观者如何看他。我正奇怪他怎么可以做到若无旁人，却发现他唱完歌，居然笑了！

或许，大部分人都以为他的精神有问题，自己独处时还能笑出来吗？但是我真的羡慕他！因为他的笑容干净得像个孩子，这是我见过的最美丽的笑容，即便他身无分文，即便他穿着不得体，即便他的头发蓬乱。可是他的干净来自心底，我如同看到一面安静的湖，迎着阳光，他的灵魂在晒太阳！

我明白，那是一种属于他自己的快乐，自顾自地弹唱，自顾自地欢笑。也许他穷，心灵却不一定不富有。我才知道，穷和富并非反义词，干净和脏也并非反义词，他的一首歌曲让我从百忙之中解脱出来。

他的一个笑容让我心中"百媚"生。原来世间的美好没有特定的形式，即便是一个陌生人的微笑，都可以让你的心情愉悦很久。

他的演奏真是精彩，即便已经走过了车站，脑海中还在回味那悦耳的歌声！匆忙的过客啊，走到这里不听一曲，我们的人生就存有遗憾了，匆忙的旅客啊，走在人生路上，不肯赠与他人一个笑容，那就是最大的遗憾啊。

彼岸之花

我们的生命究竟有多脆弱呢？它好比一块薄冰，一旦被外力所打击，就会碎得面目全非。我们的爱又有多坚强呢？就好比一块钢铁，一旦被外界力量所打击，马上就会回击。

我总觉得自己生活在一个充满爱的世界中，即使人们总是埋怨东西昂贵，人情淡薄。因为不管世界如何摧残人心，即使人们已经望见了地狱中盛开的彼岸花，也还是会努力地挣脱开。

某地有一对相爱的夫妻，两个人做点小生意，日子过得还算红火。这天男人外出送货，女人非要跟着去。男人摇摇头，温柔地说："亲爱的，你应该在家里等我回来，外面天气凉了，别跟着去了。"可是，不管男人如何要求，女人就是非要陪男人一起去送货。女人说，不知道为什么，今天格外地想和男人在一起。

男人微笑着答应了，他给女人多穿了一件外套，让女人上了车。一路上，女人给男人讲了很多笑话，两个人就像恋爱时期一样，相互甜蜜着。男人觉得女人真是可爱，能够娶到她真是今生有幸。女人觉得男人真是温柔，能陪着他就是一生的幸福。

很快，他们就送货返程了。途中，他们依旧说说笑笑，甜蜜得令人羡慕。忽然，男人拍了拍女人的手说："亲爱的，你还记不记得咱们来时路过的那条大水沟？"女人沉浸在笑声中似乎还没缓过来，对男人说："当然记得啊，你不会是想让我跳下去洗个澡吧？哈哈。"

男人对女人说："到了那里，我大喊一声跳，你就跳下去，记住一定要快！"男人的样子不像是在开玩笑，女人的笑声渐渐消失了，因为她看见男人正使劲踩住刹车，可车子还在飞速前进着，刹车失灵了！

前方一千米的地方有一个集市，集市上都是附近的村民，窄窄的公路两旁是峭壁。男人不断地按喇叭，希望集市上的村民早点听见，以便躲开，可集市上正是人声鼎沸的时候，谁也没有理会这急促的喇叭声。

这时，他们想到了距离集市不远处一侧山壁的缺口，如果把车子开到那里去，就会撞到缺口处，使车子被迫停下来。这样的后果对两个车上的人虽然不堪设想，但起码可以挽救那些无辜村民的性命。

眼看着那条大水沟越来越近，男人对女人说："马上到水沟了，我喊一声跳，你就快速地跳下去！"女人茫然地问："那你呢？"男人说他也会跳，说完男人便把身边的车门打开，让女人准备跳车。

他们同时看到了那条水沟，男人大喊一声："跳！"车子就飞速地窜了过去。可是，他们谁也没有跳。男人着急地对女人喊："你为什么不跳？"女人含着眼泪说："因为你肯定不会跳。"

　　突然，男人听到了车轮摩擦地面的声音，他一脚刹车踩到底，车子竟然在距离缺口不到十米远的地方停下了。这是一场生死边缘的挣扎，人类胜利了。

　　男人欣喜若狂地拥抱了女人，对她说："你真傻，如果不是上天的眷顾，我们现在已经死了。"

　　女人含着泪水对身边温柔的男人说："因为我爱你，即便路上开满地狱的彼岸花，也全都是爱。就算死，我也要陪着你，能走多远就走多远！"

　　传说彼岸花生活在地狱，这种人间奇花在爱的面前也变得娇柔了许多。有时候，我们太执着于得到什么，而忽略了身边就有可以战胜死亡的爱，才会发生那么多令人惋惜的悲剧。

　　每个人的一生都会经历生离死别，悲欢离合，只是如果我们不肯拿出爱来呵护别人，给自己留下的可能就是遗憾。

无所怨惧

有一天，我读到这样一则故事，才明白如何能够真正做到无所怨惧。故事大概是这样：

寺庙里有一尊石佛，也许是这座石佛有特殊的神通，每天前来朝拜的人络绎不绝。这座寺庙的门口铺着一块石板，朝圣者每天要踏着石板，来到石佛前许愿或者还愿。

终于有一天，被人们踩在脚下的石板说话了："同样都是石头，凭什么你每天受人敬拜，而我却要被踩在脚下？"

石佛微微一笑，回答道："你只看到了我光鲜的一面，却不知道我曾经经历过千刀万剐。"

我们也是一块块石板，看不惯石佛的石板。可是谁又想到过石佛的疼痛呢？我们总是被观望外界的双眼所欺骗，总是容易相信外界的表象，却不知道双眼所见的并不如心诚实。

身边总是有这样的朋友，当他失败的时候，抱怨工作上怀才不遇，抱怨生活上生不逢时。他觉得比他强的人都受到了格外的恩惠，不是走了后门，就是人家命好，就不说自己不如别人。其实，当你去抱怨别人的时候，首先就烦恼了自己。当你被困在抱怨的牢笼中，又怎能走向成功的天地呢？

我遇到过一位姑娘，她身材高挑，长相清秀，和朋友相处得还算融洽，只是有一点让朋友们很受不了，那就是见不得别人好。

每次朋友们在网上买了裙子、大衣，她都要抢着看，然后穿在自己身上，对朋友说："你看，我比你穿着合适，你穿身上太不伦不类了。"朋友本来很好的心情一下子就冷却了。朋友们一起组织活动，她总是抢着参加，然后对朋友们说谁都不如她。

有一天，公司来了一位新主管，打算选一名优秀员工作为自己的助理。她满以为自己肯定会被选中，却听到消息说新主管选中了她的朋友，她又气又恼，一度认为与那个朋友相处是交友不慎。

后来，她变得容易抱怨，好几次抱怨工作压力大、不满上级安排的话语都被领导听见了。她的消极情绪逐渐吞噬了心中的正能量，就连过去要好的几个朋友也渐渐疏远了她。不久，她就接到了公司的辞职通知，原因是领导觉得她处理问题不够成熟。

原本好好的一份工作和几个朋友，全因抱怨而失去了。其实，我们应该内观，如果我们能明白，别人的成功是别人的努力，我们的失败是因为自己努力得不够，那么烦恼又怎会趁虚而入？如果，我们把抱怨的时间和情绪放在认真对待生活上，生活哪来那么多的不如意？

凡是整日烦恼的人，皆是人生的修行不够。很多人对生活恐惧，对人生失望，大部分是怨恨恼惧惹的祸。如果我们能做到无所怨惧，生活又怎么会亏待你？

不怕热爱变火海

许多年前，我执着于做成某件事情，又总是苦恼于各种阻碍作祟，最终放弃。记得上初中的时候，我的理想是考入香港科技大学，然而当高中的繁重学业和青春年华的美好一起来临，我便立刻放弃了那个高远的梦想。

我在初中的时候喜欢写信，给很多人写信，也不管别人喜不喜欢看，后来又喜欢写诗，上了高中后，出于对物理的偏爱，选择了理科，但是这丝毫不妨碍我对创作的热情，我的演算纸上往往没有几道分析数理化的演算，而是用大段文字铺满了心中遐想的世界，从诗歌到小说，无所不有。

高二的时候，因为暑假中看了一个警匪片，所以立志攻考公安大学，为此不懈努力，成绩还算不错，但最后得知，人家公安大学只招收应届本科毕业生。在此期间，我已经写了不少诗歌和文章了，前后桌的同学也开始传递着看。他们最多的表情就是鄙视，但我心里知道，我的文字让演算纸不再是一张废纸。

高考前的一段时间，各大学校正在进行紧张的模拟考试。我发愁的不是数学、英语，而是语文中的作文。因为我的作文是班里得分最少的，语文老师为此找了我很多次。他语重心长地对我说："你的基础知识还不错，为什么你的作文都是跑题作文呢？"我低着头不说话，其实我也不是故意和老师作对，而是我真的认为作文题目和我写的文章息息相关，怎么就被认为是跑题的呢？我也搞不明白。

高考作文写作时，我紧张地有些不敢下笔，不知道这一次能不能获胜。幸好上天眷顾，没让我的语文成绩拉分。

我知道，许多时候，我们的目标和爱好不是一回事，大部分人都会觉得自己的爱好和努力的目标不在同一个方向上。所以少年的我才会又想学理科，又想当警察。

大学时候，我开始买许多许多的书籍看，不管是文史类的还是百科全书，又或是各类小说，我只要觉得题目好都会拿来一读。舍友们嘲笑我是个书呆子，光看书，还不是课本。我也不知道为什么自己那么爱看书，就是喜欢，就是热爱。

大学毕业后，我陆续在网上发表了一些文章和小说，没想到有人响应。也正是在这个时候，我才发现自己一直忽略的热爱才是自己要坚持的目标，因为只有自己喜欢，才能更好地去完成它。

也许，我们的一生中会有许多愿望，小时候希望得到一辆飞机模型，中学希望得到班里最好看的同学的喜欢，高中希望考一个好成绩，大学的时候希望毕业后能找一个好工作。我们的思想在不停地变化，但是爱好却如与生俱来的东西，永远跟着你。

总有一天，我们会发现，远离了自己最初的热爱，生活会变得索然无味。总有一天，我们遇见一份契机，然后成就了自己，一定是归功于这份热爱的。所以，借用五月天的一句歌词：别怕热爱变火海！

离开，会不会觉得遗憾？

如果死神现在就来到你的身边，告诉你还有一天你就要离开这个世界，你会不会觉得遗憾？

曾经看到过一个很温暖的小短文，说两个老人相依相守一辈子，他们每天晚上睡觉前都会对对方说"我爱你"，别人很不解，问他们为什么年纪这么大了还这么肉麻，老头不好意思地笑着说："因为我们都不知道什么时候，睡着了就再也起不来了。我们保证在去世的最后一句话永远都是'我爱你'。"老太太在一旁幸福地笑着。

我想老太太是有资格幸福的，因为他们懂得珍惜。每晚睡觉前，两个人都已经做好了离开的准备，他们心中满满的都是爱。

反思自己，有时候睡觉前还在赌气，和别人生气，也不满意自己。可我们又凭什么保证明天还是我们的？如果可以选择，谁会留下一句抱怨离开人世呢？

很久以前，我在杂志上读过一篇文章，标题我忘记了，只记得主人公的名字叫"林白"。

一位二十几岁的男生因心脏骤停住进了医院，在医生抢救下醒了过来，看到了正躺在床上喝酸奶的女生林白。林白穿着蓝白条纹的病服，脸上化着妆。她说这是晒伤妆，脸蛋被化得红嘟嘟的，可实际上她的脸已经没有了血色。

她对他说的第一句话便是："你是心脏间歇性偷停，死不了，放心吧！"可是，死不了这件事情对于林白来说，多么的渴望！

男生喜欢林白的美丽，总是不自觉地偷看她。有时候，她会肆无忌惮地笑他在屋子里方便。因为住在同一个病房，男生略显尴尬。

女孩对男生说，她知道自己的生命即将走到尽头。还让男生看医院曾经废掉的焚尸炉，尽管那里已经不再火化尸体。她是漂亮的，勇敢的，也是脆弱的。她希望自己临走的时候是一直笑着的。她喜欢肆无忌惮地笑，只是没有亲人来看望她。

她的父亲在国外，因为赶上暴乱，根本回不来，母亲生她的时候难产死了。她对男生说："我来的时候没好好来，走的时候我一定要让自己走好。"男生喜欢林白，他表白了。可是林白告诉他，她只想找个人爱自己，在自己临走的时候有人爱自己，她并不是真正地爱这个男孩。

尽管时间短暂，但两个人仿佛真的是如漆似胶的恋人，相互对这场恋爱约定心知肚明，又认真地演戏。林白在笑声中耗尽了生命。这段感情算不算爱情谁都说不清楚，可是她收获了幸福。

女孩问男生："你爱我吗？"

男生回道："爱，爱得死去活来。"

我不知道，现实生活中存不存在这样一种爱情，是能够不计前嫌和不计后果的。我们不一定能遇到这种接触过生死抉择的爱情，但我们一定会遇见生死。

其实，我们都不如林白幸运，她遇见了那个爱她死去活来的人，起码让她带着一种幸福离开了世界，可我们还是相互埋怨，相互争夺。人在最幸福的时候，又往往活在痛苦之中，在最痛苦的时候，往往又活在知足当中。

你还认识我吗？

"你还认识我吗？"她突然拉住我说。我有些惊讶，毕竟我只是下楼买东西的，这个小姑娘却一直说认识我。我的表情有些尴尬，因为我实在想不出用什么办法证明她不认识我。不过，我并不怪她，在路上认错人是在所难免的。可她死活就是咬定认识我，这让我耽误了不少时间。

我礼貌地向她解释了无数遍，并在脑海中搜索着关于她的信息，我确实不认识眼前这个人。突然，安全意识薄弱的我也开始产生了警惕，不会是骗子吧？前一阵在网上看到说，有人借机非说认识你，还能说出你的家庭情况，然后把你拉走，带到一个偏远的地方卖了！

我从开始的尴尬变成了惊恐，大声呼喊着："我真的不认识你，你走吧行吗？就算认识我，你也走吗？咱们又没什么交情！"要不是碍于很多人在周围，我真想骂两句难听的。

一个挺清秀的女孩子怎么能做这种事情呢？一开始，我还真以为她是认错人了，后来认定她是故意的，最后觉得她肯定是贩卖人口的犯罪人员，于是产生了激烈地抗拒。

小姑娘从开始的欣喜变得有些失望，我想，可能是因为觉得自己的奸计没有得逞吧！真希望身边路过一个认识的朋友，我就能迅速离开了！

她还在抓着我，我试图挣脱，可她已经沉默很久了。我被恐惧占据的心灵渐渐平复，突然觉得自己刚才的举动太激烈了，平白无故怎么会被一个小姑娘拉走给贩卖了？想想有些可笑，冷静下来的我突然注意到她手里拿着一张纸，上面写着："我是被搞传销的骗过来的！"

我抬头注意到远处正有两三个人盯着这里，看样子是在盯小姑娘。我立刻明白了，她不是骗子，而是受害者！本着仁义之心，我想，这个忙我得帮啊！

我突然大笑道："你看我这记性，都忘了上次咱们俱乐部聚会时你还和我聊过天呢！怎么样？现在还去那个俱乐部吗？我这段时间因为工作忙，总是走不开，就没再去，走，咱们去超市买点好吃的，一会儿回家做饭，今晚上就别走了！"

她似乎还没有反应过来，痴痴地看着我，然后就笑了，对我说："我就说你认识我，还不承认？是不是不想和我做朋友了？"我们手牵着手走进了超市。

超市里面人多，求助也比较方便，我们迅速地走到一处人多的地方，拿出电话拨打了110，小姑娘这才舒了一口气。看得出，她刚才害怕极了，难怪抓着我不放呢！我们在警察到来的时候分别了。

她握着我的手说："现在我们可算是真的认识了！谢谢你！非

常感谢你！"我突然有些百感交集，在陌生的人群中，寻找一位值得信赖的人需要多大的勇气啊！这种勇气是克服恐惧的最佳对手，是克服冷漠的最佳搭档。

我环视着超市里的人群，如果我也遇到困难，会不会有人伸出援助之手？陌生人有时候也并不是完全不可信！这种信任实际上超过了所有引以为豪的默契，所有引以为豪的感情。

纵有千万次悲怆

他被背叛了。那么多年的心血、金钱全部覆水难收。那个曾经对自己俯首称臣的伙计阿木把他给出卖了！公司已经不再属于他，财富也不再属于他。他想，如果能重新开始，我一定会东山再起吧！

他怀着美好的愿望孤身来到另一个城市，为了攒些积蓄，他去一家公司做了小职员。原来当老板的时候，从没体会过小职员的痛苦和那种被人呼来唤去的感觉。他觉得自己真是走到绝路了，可他不甘心过这样的生活，所以必须努力！

公司让他外出发传单，他就风雨无阻地出现在某个指定地点，发给路过的每一个人；公司让他组织周年庆典，他就爬上爬下地挂各种条幅、宣传海报，公司需要什么，他就会去做什么。

可是，并不是所有的努力都会得到应有的回报。他来这里三个月了，公司却从未让他签就业合同，也没给他发过工资。他去找公司主管理论，主管却说他的试用期就是三个月，除了每天管吃管住之外，不发任何工资。他去找公司财务理论，说自己三个月来做了好几个人的工作，怎么可以一分钱不发？财务却表示，这事是主管安排的，他也没有办法。

　　他这次真的恼怒了！自己辛辛苦苦地奋斗，居然什么也没有落下，他认为，这次没有发的工资一定是主管给私藏了！

　　他在一瞬间就对这个世界失望了。也许，生活就是如此无情，不会给你什么冠冕堂皇的理由让你坚持下去。他看不见未来的道路，也不知道自己还有什么机会。人在绝望的时候往往什么都不害怕，他突然想好好看看这个世界。

　　他走上公司所在大厦的楼顶，希望好好地看看这个城市，究竟为什么世界可以如此五彩斑斓，而自己却要承受无限悲怆，在痛苦的边缘挣扎？

　　那是一种说不上来的畅快，站在高处的他被眼前的景象震撼了。暂时忘记了自己的痛苦。这种高度让一个人清醒，让一个人超脱。

　　"纵有千万次悲怆，活下去才能有欢愉。"他发现自己身边立着一块牌子，上面写着这样的句子。正在这时，他的电话响了。

　　"您好先生，您通过了我们董事长的特殊考核，请您明早去董事长办公室报到，职位是董事长助理。"他听到电话简直不敢相信，如果刚才自己跳下去，就再也接不到这个电话了。

　　后来他才知道，董事长早就听说了他的事情，而且非常欣赏他的才能，希望让他协助自己创业。但又怕他不甘心自己受挫而心态不平衡，所以对他进行了考核。如今，他已经成为董事长的左膀右臂，也凭借自己的能力和董事长的帮助开了一家小公司，生活与事业逐步又有了起色。他时常想，如果我担不起当初的挫折，这份难得的机遇就会和我擦身而过。

我读到这篇故事，心中颇有触动，假使我们因为自己的一次错误选择，毁掉了自己，也毁了每个姗姗来迟的机遇。也许，我们在追求幸福的路上会遇到很多痛苦的考验，但如果担不起，那些前方为我们准备好的欢愉就不会再来到了。

她的诉说

有一种爱总是能使人泪流满面，当我看完那篇文章，眼泪又不自觉地流了下来。不知道是不是自己特别容易受感动，还是因为感受到人间真情的缘故，我总是被一些故事感动得唏嘘不已。

星期六的下午，一个小姑娘在报亭前来回徘徊，她穿着一件红色的上衣，显得格外显眼。报亭老板娘雯嫂正在整理新发来的杂志。

"那个，阿姨，我能不能用这里的电话？"女孩胆怯地问道。

雯嫂忙得不可开交，顾不得招呼小女孩，她大喊着："电话就在报亭外边，自己打！"

女孩小心翼翼地拿起了电话筒，认真地拨着号码，身体慢慢地放松了下来。电话打通了，她欣喜地对着话筒说："妈妈，你还好吗？我是小芳啊，我随叔叔来到这座城市已经半年多了，他和阿姨对我都非常好。生活条件也非常好，总是给我买肉吃。他每个月还给我50块钱，我一直都攒着呢，等到有了足够的钱，我就可以帮弟弟交学费，帮爸爸买衣服了。"她停顿了一下继续说道："妈妈，我现在已经长大了，如果不能经常给你打电话，可能就是因为我正忙着，您知道，人长大了就会很忙。对了，阿姨给我买了一件新衣服，红色的，正是我喜欢的样子。这里还能看电视呢！只不过看不到家里的情况……"

她的语气突然变了，用手不停地擦着眼泪："妈，我知道你的胃总是很疼，现在好些了吗？家里的花应该都开了吧？我好想回去看看你，好想回去看看爸爸和弟弟。我总是梦见你在家门口的那棵树下等着我放学回家，爸爸教弟弟在饭桌上写作业。你说，那样的日子还能回去吗？"

"妈妈，你要好好照顾自己，不用担心我，我已经长大了。再见！"说完，她就挂了电话。这时，她才发现，雯嫂已经站在她面前很久了。她又开始紧张，结结巴巴地问道："阿姨…那个…话费多少钱？"

雯嫂本来在收拾东西，却听到小女孩讲电话，以她多年的经验，知道这个小女孩是想家了。想起自己当年也是这么苦，雯嫂的心中不免有些感伤，她不能要小女孩的钱。

小女孩道了声谢谢就离开了。雯嫂抹去眼角的泪水，想看看女孩的电话是打到哪里去的。可是她发现女孩根本就没有往外拨号！那这小女孩是在对着谁说话呢？雯嫂非常奇怪。

过了几天，小女孩又来这里打电话，还是对妈妈说了一堆话。雯嫂还是没有要钱，她对小女孩说："小姑娘，我不收你的钱，但是你要告诉我，你这电话是哪里的号码？"小女孩没有回答她，只是小声地说："我给我妈妈打电话。"

"你妈妈在哪儿呢？怎么不来看你？"雯嫂又问。

"我妈妈不在了，她去了天堂。"

尽管雯嫂设想了很多种情况，却没有想到这么悲剧的结果。原来小女孩的妈妈不在了，可是看到别人给家人打电话，她也想。"小姑娘，你以后在阿姨这里随便用电话，阿姨都不收你的钱，还会告诉你妈妈，她的孩子很乖巧。"

小女孩惊喜地看着雯嫂，绽放了笑容。雯嫂知道，她能做的只有这些，而这连接天堂和人间的电话线却成了小女孩的精神寄托。她对母亲的诉说简单却充满深情，我想，那就是爱的力量。

不光我们听着感动，即便是铁石心肠的人也不会再忍心伤害这样一个懂事的孩子。思念这种东西既折磨人，也让人渴望诉说。

第六章
CHAPTER SIX

我们可以歇会儿吗？

最初的我，站在生命的开端观望这个世界。那时，我计划着开始一场自由自在、无忧无虑的生活。而如今，铺满花瓣的道路因我匆匆的脚步而变得模糊。脑海中总是蹦出无数奇思妙想，又被自己扼杀。胸腔中总是冒出无止境的欲望的呼喊，我抑制不住它们，它们像要马上跑出来了。

原本幸福而简单的一生却因为这些该死的欲望变得浮华，我已经无心观景，就这么匆匆忙忙地跑到了这里。

我已经很累了，我们可以歇会儿吗？

铺满鲜花的道路

如果人生路上仅仅需要鲜花，那反而显得简单，可是除了鲜花之外，还有爱更值得我们去珍惜。

小月出生在一户普通的家庭，母亲是一名乡村医生，父亲没有读过书，一辈子都在替人打工。母亲在小月很小的时候就经常对她说："小月，长大后你会懂很多事，会发现这个世界的美与丑，但不管怎样一定要相信爱。"

母亲既善良又温柔，平时对小月非常细心。可是小月觉得母亲对父亲不好，总是指责父亲这做不好，那做不好。有时候，小月挺心疼父亲，可自己还小，也不知道该做什么。

转眼之间，小月已经成年，父母也变老了。母亲常常对小月说："这一辈子太匆匆，每次想要歇口气就有其他的事情来捣乱。我们现在一家终于没有那么大的负担了，家庭情况也比过去强多了。"

母亲一辈子医治了无数的病人，却从来没有想过自己会病倒。她总是笑着说，希望黄泉路上铺满花瓣，这样她就不会因为恐惧而畏惧赶路，她就可以闻着花香而去不害怕自己会腐烂。

父亲皱着眉头，60多岁的人了，不皱眉头也都是满脸皱纹。他跑去各大书店和旧书摊，买来许多和母亲病情相关的书籍。他让小月看看还有没有什么方法可以一下子让母亲好起来。最后，大字不识的父亲居然自己研究起医学来！

他拿着自己选的方子，跑去中药店抓来中药，煎好了给母亲喝。母亲学的是西医，最不喜欢中药的味道，于是骂他："你这个老头子，竟害我！这么苦的药，还不知道有没有毒！没文化还瞎捣乱。"父亲听到母亲骂他，老泪纵横，他说自己只是希望母亲能好起来，祈求母亲别拒绝他。

母亲看到父亲伤心的样子就心软了，她想到自己不久于人世，就由着父亲给她喝中药。结果母亲的病情竟然有了好转，生命超过了医生说的四个月。而六十多岁的父亲日复一日地看医书，熬汤药，放弃了喝酒，放弃了抽烟，放弃了所有的坏习惯。

最终，母亲还是去了，但因为父亲的努力，母亲多活了一年半。他望着母亲的照片对小月说："我和她说好了，如果黄泉路上没有铺满鲜花，她就等我。等到我去了，给她带去一捧鲜花。"

我想，如果我的爱人早已为我在人生路上铺满花瓣，那么我是不是该怀着欣赏的眼光去踏上这条路，而不是带着怀疑或者嫌弃？我们都会因为爱上一个人而付出很多很多，可我更希望在有生之年的每个夜晚，依偎着他的肩膀，欢笑或流泪都有人陪。

相惜莫相离

　　如果我有幸遇到那位值得珍惜的爱人，一定不会轻易说放弃。因为能够相识、相知、相爱已经是莫大的缘分，又怎么可以因为俗事纷扰而不顾他千里迢迢来到身边而选择离开呢？

　　她结婚了，虽然从来没有想过自己会在24岁的年龄就步入婚姻的殿堂。她曾经幻想过自己的婚礼应该是在教堂里举行的，伴随神父的声声祝福，亲朋好友献上真挚的掌声。她幻想那个男人的求婚应该是开着豪车，捧着鲜花在她家楼下等待好几个小时，还不发脾气，甜蜜地对她说："嫁给我吧！"

　　可是，她也不清楚为什么自己会答应这个憨厚的男人。他没有王子的气质，也没有贵族的财富，他没有机灵的头脑也没有帅气的外表，她在心中问了无数次，真的要嫁给他吗？

　　他的父亲在农场里工作，他从小就要做很多的农活，没有太多的交际经验，也没有太多的文化水平。他总是默默地微笑，而她喜欢浪漫。

　　结婚后，天气渐渐凉了。漫长的冬天里，下了无数次的鹅毛大雪，但屋里的温暖还是让她得到了些许安慰。她做午饭的时候，看到丈夫正在沙发上专注地看足球比赛，她把饭菜做好并端到桌子上时，丈夫还在沙发上看足球。

她对此非常不满，不来帮忙也就算了，饭菜都摆到桌上还在看球！她一个人生着闷气，想起早上邀请丈夫去看电影的事情。丈夫懒懒地说："还是别去了吧！咱们去电影院要很长的路程，而且外面下着鹅毛大雪，路也不好走啊！"

这种单调沉闷的生活成了她的煎熬，她开始后悔自己仓促地嫁给了这么一位不懂情趣的男人。如果换作是那位追了自己好几年的公子，一定会风雨无阻地陪自己看一场电影吧！她越来越责怪男人不懂她的心，男人也从来不表示什么。

终于，寒冷的冬天过去了。当她终于可以去电影院看电影的时候，却接到了母亲打来的电话。电话那头是母亲虚弱的声音，需要她去照顾一下。

也许是因为母亲的病，也许是长期积压的怨恨，她和丈夫吵架了。她嚷嚷道："当初我嫁给你，是想让你给我好的生活，可是这还没一年，你就让我体会到了痛苦！你不懂我，也不愿意讨好我！我想，还是让我们的婚姻休息一阵吧！"

丈夫静静地把她送到机场，给了她一个简单的拥抱，没有什么安慰的话，也没有过多的表情。她真的愤怒了，在她最烦心的时候，丈夫居然是这副状态！他让她十分失望。

她强忍着泪水踏上了回家的路程，幸好母亲的病情并不是很严重，这让她稍微有了一丝安慰。母亲关心地询问她的婚姻情况，她沉默不语。于是，母亲带她去看了那场向往已久的电影。

丈夫偶尔会发来短信，但大部分都是在询问母亲的病情，还有报告农场最近的状况。她刚开始还希望丈夫会说些甜蜜的话，可是时间一久，她也麻木了。原来，丈夫真的不关心自己，她默默地把短信全部都删除了。

母亲病好之后，她飞回了那个让她伤心的地方。远远地就看见丈夫站在汽车前向她招手，她却失望地想："他为什么不准备一束花？"接着她发现丈夫手里拿着一个纸盒，她尽量让自己保持优雅，走了过去。

"亲爱的，你可算回来了！"他出乎意料地在她脸颊上印上一吻，她的脸颊立刻荡漾起一片绯红。他对她解释道，自己不太会说话，只是在想她的时候会写信，纸盒里还有两张电影票。

她惊喜地拿过纸盒，发现里面放满了信纸，电影票上印着的名字正是她一直想要看的电影。她激动地说不出话来，眼泪不听话地流了出来。原来，爱一直都在。

我们经常以为自己最缺少的就是爱，缺少别人对自己的关心，缺少浪漫的对白和感动，但其实人们生活在一起，最重要的就是实实在在，而不是所谓的浪漫。如果一个人肯为了我们一辈子专心付出，这已经是最大的浪漫了。

花园的杂草飞扬

　　如果有一天，我们无法控制心中的杂念，做出了伤害亲人和爱人的事情，就请先歇息一下。因为此时的我们一定是在人生道路上险些迷路，险些走不回来。我们也许会因为一个念头丢失了自己，也许会因为一句话毁掉了自己。可是，我们不能毁掉身边的人，不能因此伤害到他们。所以，当我们感到心烦意乱的时候，请让自己静一静。

　　他知道，只那么一眼，就爱上了那个正在为百合花浇水的女孩，她美得让他不敢靠近。在满园五彩缤纷的鲜花中，她犹如一朵最绚丽的花朵，深深地迷惑了他。

　　他们相恋了。两年后，婚礼在当地的教堂举行。他说，那是他一辈子最幸福且难以忘怀的时刻。每天早晨，他都会被她做的早餐唤醒，在每个阳光充足、精力充沛的早上，他们都会精心地呵护花园里的每一簇花朵。

　　如何识别幼小的嫩枝和杂草，如何修剪花枝，他笨拙地学习着。他对她承诺：以后绝不会让这座花园长满杂草。

　　可是，年轻气盛的他又怎么敌得过寂寞。半年后，他开始不满于过这种平淡的生活，他要到纽约去，那里有他的事业，有很多朋友。在他再三坚持下，妻子决定支持他，做他事业上的园丁。

忙忙碌碌的业务往来让他几乎每天都是半夜才回家。他再也没有心情去关爱妻子，也忘记了当初许下的诺言。生活的快节奏让他闲不下心来，金钱和股市占据了他的脑海。渐渐地他忽略了身边的她，他似乎很久没有和她深谈过了。

没有时间陪她去看演出，没有时间陪她去逛街，也没有时间陪她吃一顿简单的晚饭。他的诺言消失在空气中，仿佛从来没有真实存在过。

五年后，他已经是公司的高层主管，日子看似比过去好了很多。他的妻子穿着鲜亮的衣服，睡在昂贵的床上，吃着鲜美的食物，只是有他陪的时间越来越少，每次都是她一个人。

电话打来的时候，他还在开会，那是个不好的消息——妻子得了重病。他原以为妻子可以照顾好自己，却不知道她少了他已经是最大的伤。

其实，她一直惦记那座美丽的花园，而他却总是想着自己的成就。就连她生病了，他也是在开完会以后才跑来看她。她的心已经冷了，不再需要他了。

这么多年，她都是一个人过日子，也不需要他一定在身边。所以她选择了离婚。他得到这个答案的时候，如同被人用棍打醒，想起多年前的那个午后，她美丽得像一朵花儿，而他不但没有好好呵护，还差点让花儿枯萎，实在是失责！

他想忏悔，他祈求妻子的原谅，可是她心意已决，不再任凭他摆布。思来想去，他们决定再次回到当年的花园，把曾经生活过的地方再走一遍。

他望着长满杂草的花园，惭愧地说不出话来。当年的诺言变成了灰烬，曾经美丽的花园还是满园杂草，原本美好的爱情也因为他没有空闲经营而变得冰凉。

他终于意识到自己的问题，从回到这里的那天开始，他就专心修剪那些被忽略了很久的花朵，花园又恢复了原来的生机。这些行为都被妻子看在眼里，渐渐地原谅了他。他们又像刚在一起的时候那样，边浇水边说笑，日子过得无比逍遥。

无论什么时候，我们都务必要留出空闲来打理心灵的花园，让花园长满美丽的花朵，散发出芬芳给每一个人，而不是让杂草飞扬，乱无头绪。情感如此，工作也如此。

只有懂得停下来腾出时间歇一歇，才会拥有更多美好的东西。人间的美丽也是很多花儿无法媲美的，只是人们都忘记了而已。

清风中感动

燥热的夏天让坐着、躺着都变成了一件难熬的事情。如果不是屋子里装了空调，真觉得我们会被烤成肉片。周末在家休息，从起床开始我就一直吹着空调看电视，其实有那么一瞬间也觉得自己很幸福。

可是，这种幸福的气氛还未传播开，就被突如其来的停电打断了。我坐在沙发上，就那么一会儿的工夫，空气就由温变热，最后成了"桑拿蒸汽"。

"什么情况？居然停电？电视不看也就算了，空调都不能用？把我烤熟了得了！"我趴到沙发上，抱怨道。

"这么点小事儿就能让你抓狂啊？要是没发明出电来，你该怎么办呢？才用上空调几天？没空调你还活不了了？"母亲一边收拾屋子一边说，好像根本不受温度的干扰。

"妈，这么热，坐也不是，站也不是。真倒霉，下个周末还这样！"我继续抱怨道。

"你怎么不试试去感受下清风的凉爽？"

"空气都这么热了，哪儿还有清风的凉爽？"我真怀疑母亲是在和我开玩笑。

"你来这坐着，一会儿就感受到了。"母亲拿着两个板凳，已经坐在她说有凉风的地方了，示意我也坐下来。

我将信将疑地拿了一本散文集，依靠在窗边坐了下来。母亲缝补我的衣服，我安静地看书。不一会儿，我就发现自己竟然不烦躁了，还很享受这种读书环境。我刚想要和母亲说这件重大发现，却发现她正在专注地缝补。

她的脸上已经有了些许的皱纹，双手也变得粗糙，不知道是不是因为这里光线比较充足，我看到了许多平时未曾发现的细节。她从来不说自己累，也不说自己辛苦，却把爱都给了我。突然，一阵清风吹过，拂动母亲略白的头发，我才惊恐地发现，她早已不是我眼中年轻漂亮的母亲，有些陌生，又有些熟悉。

究竟有多久没有仔细地看过母亲了？清风？喔，在这燥热的空气中，真的有清风流动。只是因为我的狂躁，因为我一直需要空调，而忽略了它。清风带给我安宁的心灵，才让我看清已经变老的母亲。

也许，那清风就是母亲的象征吧！即便被我怎样忽略，怎样抱怨，都会在一旁默默地支持着我，为我送上最好的礼物，即便我不需要，她也不会离开。如果不是空调突然停下，我还没有发现，自己其实不需要空调，而是缺乏感受生活的心灵。

清风中，母亲比我手中拿着的散文集更有魅力，我希望这阵清风可以一直吹下去，让她额头上的汗珠消失，我希望这一刻能够暂时停留下来，让她的人生钟摆走得不要那么快。为我付出了那么多的时间，她还未好好地享受自己的人生呢！

束缚不住的心

"这破地方，能不能不这么堵？我就纳闷了，怎么每天都这么堵？"坐在车后坐上的朋友楠气愤地甩掉外套，大声地嚷嚷。

我们本来是打算去郊区游玩的，听说那边又新开发了景区，所以想借着周末大家都有空的时间出来聚一聚，结果发现事情远没有我们想的简单。

同去的还有超、露，本来挺好的心情却因为堵在路上而怒火中烧。楠喊了一嗓子之后，车里就乱成了一锅粥。

"你喊什么喊？本来心就烦，还瞎叫唤！"露也有些坐不住了。

"我凭什么不能喊，又不是你们家！你管得着吗？"楠也丝毫不示弱，也许，在这种浪费生命的堵车时间中，吵架也是一种不错的发泄方式，但他们的吵架严重影响了我们其他人。

"要不是这里堵车太挤，信不信我把你们都扔下去！都闭嘴，还不够让你们气死的，真倒霉！早知道这样，就不起个大早，还不如在家里睡觉呢！"负责开车的超也开始发飙了！

"就是！就是！好好的周末不在家里好好待着，非要在路上堵车！这是谁的好主意？"楠发出的问题让我感到一阵阴风吹过，倒吸了一口凉气。她们三个一起看向我，我于无形中被刺穿了心脏，突然有些承受不了。

我只好很尴尬地冲她们笑笑，这便是我在堵车半个小时内一句抱怨都没有的原因。我知道，如果我抱怨，就会把焦点带过来，可现在不用担心了，她们已经发现焦点是我了。

其实我只是想，在这个让人们连喘息机会都没有的社会中，能够在周末休息是多么不容易，干吗不好好地利用这个机会和大家热闹热闹呢？而且，我们前往的目的地正好是我们向往已久的地方呀！

在大家的咒骂声中，车队终于缓慢地前行了，这是一种没有选择的前进，因为后面已经被车辆堵死了，根本无路可退。几个朋友由开始的热情高涨到烦躁怒骂，再到现在的麻木无视，确实提高了心理素质。

可能是因为知道即便急躁也不能使车辆前进，不如把自己的心态调整好，等车途中有人有了新的主意。

"我提议，咱们玩牌吧！谁输了就冲着大马路唱一首歌，怎么样？"渐渐地，我们忘记了身处的位置，当然除了超因为开车不能参与之外，其他人仿佛已经身处世外桃源了一样。笑声、歌声充满了堵车的队伍，紧挨着我们车的司机也被我们的气氛所感染，刚才皱着的眉头变成了笑脸。

笑容是可以传染的，前后几辆车上的人看我们笑哈哈的，心情也好了许多。堵在路上的虽然是我们的身体，可没有限制我们的心灵。

当时间一分一秒地过去，我们也终于从那片受过诅咒的马路上穿过，飞速地开往目的地。我们看了一下时间，其实还来得及。这次堵车不但没有影响我们的好心情，还让我们对目的地的热情大大提升。

小伙伴们也渐渐忘了我这个"罪魁祸首"，朋友之间就是这样，尽管总是吵架，可还是能够一起快乐。无形之中我们释怀了自己的心，懂得了在等待中去放松、去快乐的道理。

其实面对困难的时候，如果找到了合适的方式去处理，困难也就不是困难了。所以，没有什么是可怕的，除非你不肯找到另外一条解脱灵魂的方式。

红绿灯

　　小王是一家快递公司的快递员，在我们小区送快递已经有两年的时间了。我们对他都非常熟悉，毕竟现在网购已经成为一种习惯，谁还不从网上买点东西呀！

　　过去，我每次从他手中接过东西，签了名字，他就匆匆忙忙地离开了。尽管我对他的匆忙不太理解，但由于他快递员的身份，我还是表示了认可。

　　后来又有一次，我从网上买的东西到了。我打开门，却发现来送货的不是小王。好几天下来，邻居们也反应了这一情况，难道小王不干了？

　　当那个新快递员再次来我们小区的时候，我好奇地问了一句："小王怎么没来？我找他送个件！"

　　新快递员姓张，小张对我说，小王前几天匆匆忙忙地跑出去送快递，结果被车撞倒在路上，腿部骨折，必须住院治疗。

　　我的脑海中马上就出现了小王送快递被车撞的情景，可是他就算再赶路，也不会被车撞倒啊？我继续问："可是小王平时挺小心的呀，怎么会被车撞倒呢？"

"当时正好有一份快递要送到马路对面的商铺去，他看了一下手表，还有两分钟十二点，人家该中午下班了。他为了赶时间就闯了红灯。这不，我一个人现在负责两个区的送货。"小张无奈地说。

原来是小王闯了红灯，怪不得被撞倒了。次日，小张又到小区送快递，我出门倒垃圾碰上了。由于头一天聊过，他特意和我打了个招呼，对我说："昨天我去医院看望小王了。他的腿已经打上石膏了。他后悔死了，要不是整天去抢时间，就不会弄得如此下场。他还把手表摘了下来，向我发誓以后一定要慢一些，不再和时间过不去。"

我冲他笑了笑，礼貌地说道："希望他能够早点好起来，这样你也可以不用这么累。如果他能像你一样，肯停下来说句话，聊会天，就好了。"

"他会的！我先走了！"他向我挥挥手，告别了。

突然有一天，门铃响了。我开门一看，是小王！他的病完全好了，看起来有些发福。他看出我有些惊讶，不好意思地说："这是您的快递，请您收好。"

我连忙道了一声谢谢，接了过来，习惯性地要关门，却意外地发现他没有匆忙地离去，而是傻傻地站在门外，他对我说："我……我能喝点水吗？有些口渴了。"

"快请进！"我热情地招呼他进屋，母亲也热情地端了一碗水。

"你们也听说我之前的那件事了吧？"小王紧张地说，似乎那件被撞的事情让他很丢脸。我们点了点头表示知道。

"躺在病床上醒过来的时候，我才忽然发现自己周围的世界慢了下来，因为在医院里，时间是不起任何作用的，我没有办法为自己争取一分钟或者半分钟。即便是自以为争取来了，却不知道为什么要争取它。后来我就索性让自己慢下来。我对自己说慢一点，慢一点！"说完，他喝了一大口水，看来真的是渴急了。

他放下已经空了的碗，继续对我们说："过去，我就算是渴了，都没时间喝一口水，更没时间和街坊四邻们聊天，生活没有情趣不说，连个喘气的时间都没有。以后有时间咱们再好好聊。虽然不能太快，但也不能耽误工作，我还得给别家送快递，就先走了。谢谢你们，再见！"

小王离开了，我似乎不会再为他莫名的担心了。人的一生也像过红绿灯，走错一步都可能毁掉终生，必要的时候，倒不如停下来等一等。

第七章
CHAPTER SEVEN

渡洋过海而来

　　偶尔，我会在瞬间遇见缘分。

　　有时，它会扮成一位白发苍苍的老人，向我述说听不太懂的真理；有时，它会扮成一位冰雪聪明的孩童，玩弄时兴的玩具；有时，它是一位明眸皓齿的姑娘；有时，它又成了热心憨厚的小伙子。

　　它来到我的世界，无需任何通行证。尽管我至今未猜透缘分这东西来自哪里，可我依然愿意把它刻在永不消失的心上。

　　那个即将到来的缘分，我渴望着与你相遇的瞬间，渴望与你相互凝视。尽管还未曾遇见你，但我已经在猜测你的名字了。

渡洋过海而来

人的一生，是由许许多多的缘分组成的。或许，你出现在这里，就是缘分的安排，让你遇见我，让我看到你。然后我们相爱也好，厌恶也好，这辈子，只有相识忘不掉，因为只要你认识了这个人，那一辈子都会记得，不会今天认识他，明天又忘记了。

我们都曾渡洋过海来到现在的人生，只是为了和那么一个人相遇。假若两人本应相爱在一个美好的季节，却因为我们急于相见而遇见得太早，并不懂得如何去爱，又或者因为我们试图故弄玄虚而遇见太晚，已过了义无反顾的年纪，那么我们这奔波一路的意义就不存在了。所以，恰好遇见又恰好爱上，是多么不可思议的事情，我们又有什么理由舍弃？

手掌中那条纠缠的曲线，说明我注定要为了爱奔波一辈子。我想，我应该从大西洋飘到北冰洋，才会遇见那个人吧！

我们都试图通过各种方法去获得未来那个人的情报，却发现一无所获。在爱的海洋中，他还在漂泊，我们已经靠岸，谁也不知道他的目的地是不是这里，他也不知道我们早已在岸上等待着他。

也许，他会因为我们的等待而感激不尽，又或会在靠岸的片刻遇见另外一个即将靠岸的美女，成就一段美好的姻缘。

小虎爱上那位美女，是在从十六岁跨越十七岁的生日聚会上。他提前靠岸了，而她还在大海上飘着，不想靠岸。

小虎在聚会上唱了一首张芸京的《偏爱》，他想让她知道，自己对她是一种偏爱。她是学校的班干部，是品学兼优的好学生。小虎是学校里的问题少年，是打架斗殴的楞小子。

她之所以会来参加这次聚会，是因为她的好朋友小华暗恋小虎。这便是缘分吧，相遇不为了刻意相见，相见却为了刻意相遇。小虎知道，自己非爱不可。

他暗中跟随她去图书馆看书，如果被她发现了，就会很不好意思地打声招呼。他暗中送她放学回家，只是她不知道小虎家并不在这条路上。这种感动她并不知道，她越来越觉得小虎是在刻意接近自己。所以，他靠近，她远离。

她以为他是学校老师都管不了的小混混，以为只要远离他自己就会过上好学生的生活。可是，她发现自己照镜子的时候会意外地找到他的脸，自己打扫卫生的时候非要从他那排座位扫起不可，她躲着他也不是没有理由。

因为不能去爱，所以只好逃避。这场猫捉老鼠般的爱情显然不会有结果。可不知道是不是缘分天注定，阴差阳错他们考上了同一所大学，她成绩一般，他却名列前茅。她把这一切都归结为命运，他把这一切都看作是她的动力。

他明白，命运这东西，只会给你相遇的机会，剩下的需要自己把握。尽管那渡洋过海的路途曾坎坷难耐，但既然已经承受过那种种历练的伤痕，就不能再放掉命运赐予的爱恋机会。

如果不是他夜以继日地拼命学习，如果不是他偷偷跑去看了她填的志愿表，要不是他时刻关注着她，他又怎么能赢了命运，站在她的面前呢？

后来，小虎对她说，自己爱了她这么多年，就好像在一片漂泊的海洋中历经千辛万苦，终于等她也靠上了岸与他相遇。他说，自己这一生，正是为此而来。

遇见永恒

许多年前，我坐在教室里，看着我前桌和同桌嬉戏打闹，却从没觉得他们爱得如火如荼。直到高中毕业的那个下午，我才知道他们把爱藏了三年，他们一直爱着。

人们都说，上学的时候就要专心上学，恋爱的时候就要专心恋爱，哪有边上学边恋爱的道理？可是，爱不由人。高中毕业后他们便在一起了，大家都来祝福。

还记得前桌和我聊天的时候说，她这辈子只想谈一次恋爱，结婚，生子，一起慢慢变老。可是在这个世界上，那么多的人和事物都在变化，何谈一场永恒的恋爱？于是我笑着说，不可能，每个人都必须经过几次错误的尝试，才会找到那个属于自己的爱人。

她说她认定了他，如果他不是自己一辈子的伴侣，就不会再和他联系。我有些怀疑，谁会保证自己爱上的那位不是败絮其中？谁会保证自己爱上的那位不是绝情小人？谁也说不准那个口口声声说陪你到老的人会不会真的陪你到老？

大学生涯使我们相隔千里，偶尔在网上遇到就聊上寒暄的一两句，也不便多问人家的私事。转眼大学毕业，我突然想起了她的恋情，便在网上询问了一句："你和他还在一起吗？"她回答，当然在一起了。

答案如此毋庸置疑，这短短的几个字好像在嘲笑我对世界的不肯定，我想，也许她真的可以把永恒进行下去吧！我才注意到，她的签名一直是"RDNJSDA"，我便问道："你这签名什么意思啊？"她说："认定你就是答案。"这是他们共同的签名，也是他们共同的誓言，三年来从来没换过。

我突然觉得脸颊发烫，是不是对爱太过于警惕，才会被爱抛弃，才会周而复始地站在爱的岔路口，永远也遇不到永恒？我开始为自己狭隘的心胸感到难堪，极力地想把自己藏起来，好让曾经丑陋的心理也跟着消失。

大学毕业的她去了日本工作，她发来照片说自己过得很好，希望他毕业后也去找他。他说好。我想，这么远的距离他都义无反顾地跟着去，如果是我或者换成别人，一定会再三斟酌吧！

我开玩笑地对他说："你这么老远也要去日本，难道日本真的那么好么？"他先是回复了我一个笑脸，然后对我说："并不是日本有多好，而是日本有她在啊！"也许，未曾见过永恒的我，不会明白他们的誓言有多么珍贵吧！

只是好日子不多，她患了重病。不知为何我忽然又想起了第五章中所记述的林白的故事。她从日本回来后住进了医院，他整日整夜地守在她身边。

这是我们四年来第一次相见，她漂亮多了，他成熟多了，完全不是当初打闹的同学了。我知道，如果她就这么离开人世间，那么爱的永恒就不会实现了。所以他们都在努力延迟着那份永恒的爱。

　　直到有一天，我在同学录里发现了这句话："在这个什么都善变的人世间，我想看一下永恒。"或许是她从什么地方摘抄的这句话吧！那个时候，我还一直笑他们傻，有什么是永恒的呢？一切皆有时的世界，从来不存在什么永恒！可现在，我有些相信了。

　　不知道马年是不是结婚的好年月，许多明星陆续宣布结婚了，同学之间也有很多已经结婚了。而他们还没有结婚，她笑着说，也许，结婚就是相信永恒不存在呢？还是再等几年吧！

　　我承认，我一直看着别人的故事成长，却忽略了自己的感情，是不是什么时候，我也该相信一次永恒？只有相信，才会遇到吧！

彼此的千疮百孔

爱情是世界上最刻骨铭心的，也是最值得纪念的感情。记得这样一句话：我爱你，不是因为你的美丽，也不是因为你的才华，而是在多年前的午后，你走过我的窗台，阳光洒在你身上，我正好看见你。

爱情就像罂粟，给你快乐的同时，渗进肌肤，浸入骨髓，让你欲罢不能；爱情就像湖水，看似平静，顷刻间激起千层浪花，久久不得安宁。

三月，桃花应约展开笑脸，青草悠悠望向骄阳，空气中弥漫着春的生机，温暖的风掠过，就像感情一样，可以感受，却永远也抓不到它。

上铺的室友毫无征兆地大哭起来，被打扰的我不得不从安意如笔下的红颜薄事中出来。我把心爱的《美人何处》放在枕头旁边，起身问她，怎么了。

她的回答让我感到迷茫，又觉得真切。

她说："我们再也回不去了。"

她依然在哭，我怔怔地坐在那里，一时间不知道说什么好。她哭肿的双眼里，血丝正一点点侵袭着，通过眼球连接到大脑里活跃的细胞，似乎必须要拨弄那根敏感的神经末梢。她开始讲述她的故事，我静静地听，尽管我已经听过好多遍了。

那是她和他的故事，很多爱情故事都是这样，一个人好像忘记了，另一个人好像永远也忘不了。

他喜欢她，追了四年。高中好像是个必须克制欲望的特殊时期，想看电视不行，想睡觉不行，想谈场恋爱更不可能。所以她一直逃避他，懵懂的青春总是分不清纯洁的友情与青涩的爱情，她以为，只要忽略，这页总会翻过去的。所以，她选择了拒绝。

直到高考前的那个学期，他微笑地牵着她的好友来到教室，两个人犹如耀眼的光芒刺得她睁不开眼。她说她如此地讨厌三月的阳光，比三伏的炎炎烈日还毒，透过她的眼睛，刺进她的心。她才清楚地感受到自己是渴望他在身边的。那阵痛让她平静的心破碎了好久，久到如今想起曾经的过往，残留的碎片依旧会把她刺痛。

其实，最痛苦的，不是你爱的人不再爱你；而是，那个信誓旦旦说爱你一辈子的人，突然不爱你了。

面对这突如其来的打击，她开始一遍一遍地问自己，是不是喜欢上了他？他是不是还喜欢着自己？她后悔自己没有给他机会，也没给自己留下余地。男孩其实还是喜欢她，牵起另一个女孩，不过是为了惹恼她。毕业后，男孩就分手了，打来电话说一直只爱她。

可是没有谁会在原地等着谁，就像春去秋来，不会因为你们的相爱而静止在最美的瞬间。她再一次拒绝了他，比过去决绝，比过去难过。她说最伤心的事情，莫过于梦中又回到那熟悉的教室，看见他熟悉的身影，牵着熟悉的闺蜜。梦中的幻影会给她真实的痛，她怕看到他，所以伤害自己。

有些事，有些人，一旦错过就不会再回来了。然而，单凭一句说辞显然论证不够，还需要每个人亲身去体会，才能理解得深刻透彻。

我们都太在意分别，却忘记了当初相遇时的悸动。很多人都说，要是再见面，我会怎样怎样，只是再也回不去了。然而，我们相遇的时刻总是又吵又闹，责怪辱骂，恨不得这辈子再也不要见到对方，但是当真的再也见不到了，就会在无数个月夜想起——曾经的那天，他无比美好，走过身边，予你一抹微笑。

有些事情，后知后觉更可怕。所以我一直认为，相遇带给我们的不仅是故事发展的悲伤，更多的意义在于故事开始的幸福。每次见面，比分别后的"想念"、"后悔"、"来不及"要幸福得多。

每个人的生命中都会出现一个让你心动的人，或许是因为学业，或许是因为事业，或许是异国他乡，相爱的人总是不能在一起。但这是你们选择的分离，怨不得缘分浅薄，命运允许你们相遇甚至相爱，已经是恩典，还要祈求什么呢？缘就是如此捉摸不透，像一章曲子，下一段旋律是扬是抑由不得你，你只管欣赏。

有些人悲戚地说：要是我们不曾相遇，该多好啊！乍一听，很对，不曾遇见，就不会有后来的悲痛欲绝，不会有刻骨铭心。但是，为什么在真的想念他（她）的时候，也你会祈求命运再给你一次重来的机会？给你一次重新认识他（她）的机会？因为相见很温暖，相遇很美好。

其实在爱情里，结局只是赠品，相遇才是奖品，要是能早些明白，请珍惜能见到他（她）的日子，请感谢创造相遇的伟大的神吧，人生与你相见，是何其的珍贵，何其的难得。

就算他们曾是彼此的千疮百孔，也还是要爱上那么一回，因为只有这样，青春才能散发出青涩的香气，萦绕整个人生！

怦然心动

"可不经意间，有一天你会遇到一个彩虹般绚丽的人，从此以
后，其他人就不过是匆匆浮云。"

——《怦然心动》

一不小心看了这部让人怦然心动的电影，其实，我很怕看这样
令过去重现色彩的镜头，因为不知道从什么时候开始，怦然心动的
时刻被迫停在了过去。

我遇见他，就那么一次。好像是个夏天，绿荫斑驳。校门外的
马路旁，我只是一瞥。假如，世界上真的有魔力这种东西，那一定
是瞬间的吸引。

再次遇见他，他仍然迷人，却永远少了那一刻的魔力。人生
啊，是不是每个怦然心动就好像闪电，稍微一眨眼就过去了？为什
么我再怎样睁大眼睛望着天空，闪电都不再是同一个？

纵使我们再相逢，也不过是一句"我们好像在哪儿见过？"可
我还是认认真真地把那一刻的侧脸刻在了脑海，充满了整个学生时
代。那是一个永远也不可能说清楚的画面，一个不复存在的画面，
可每个人的脑海中总有那么几个这样的画面，虽然谁也不肯承认。

　　长大后的我开始求得心如止水，倘若有人来信时末尾注明：
愿你心如止水。那么我会微微一笑，但愿心如止水。可是，或许连
自己都没有注意过，怦然心动时的愉悦也在渐渐消失，理智代替情
感，在我的心中占据了高地。有时候我也会把你忘记，有时候我也
会变得让你都不认识，可是每当我发觉再也回不去怦然心动的年
纪，心中是多么的遗憾！如今，总是带着通信设备出入的我们，谁
还会在意身边有谁经过？面对人群时，人们都学会了微笑，把心情
和怨恨全部抛给空间、微博。

　　我羡慕那些正值学生时代的少年，羡慕他们心中挂念着某个如
彩虹般绚丽的人，或是某个潇洒地在运动场上打篮球的少年。我希
望有人再来信时，末尾注明的是：愿你怦然心动。那么我就能再遇
见他，哪怕就那么一次。从此，怦然心动这个词也变得奢侈。

当年华已逝

大厦门口的台阶上坐着一位花甲老人，他的衣服已经破旧不堪，左手拿着一个碗，右手拄着一根捡来的木棍。说实话，在如今到处充斥着骗子的社会中，不少人对乞讨者产生了厌恶之情。我虽对他们并不厌恶，可又分辨不出真假，就当作没看见好了。

我与妹妹是来大厦里的美食街吃饭的，路过这里便看到了这一幕。妹妹是个爱心泛滥的人，最见不得这种情景出现，但这次她仅仅叹了声气，并没有做出什么善举。

记得上次在路口遇到过一个穿着不知哪个中学校服的女生，她在傍晚时分跪在熙来攘往的大马路上，周围围了许多人。我注意到她面前有一张纸，上面写道："请好心人给八块钱，吃顿饭。"有一个阿姨很热心肠，问她怎么不回家，她也只是小声嘟囔。从阿姨的问话中，我基本知道了这是一个离家出走的学生，因为没钱了才乞讨。

好心人围了一圈，有的给出主意说："要不我们联系一下你的家人吧，让他们来接你回去。"还有的说："要不找警察帮忙吧！"但是不管怎么说，小女孩就是拒绝，意思是只要八块钱吃饭。

　　我看到这里，拉着妹妹走了。妹妹不解地问我："为什么不停下来帮助她？"

　　我反问道："你觉得她需要帮助吗？"

　　妹妹一愣，本来想说需要，停顿了一下却说了不需要。

　　"你想想看，如果她只要八块钱，那么多人早就给够她的钱了。而她却依然在那里跪着，显然不止想要八块钱。其次，她如果真是从家里跑出来，都沦落到乞讨的地步了，为什么不回家？如果是被坏蛋伤害，那为什么不敢找警察？显然是在骗钱嘛，她这么年轻，有手有脚的，总是可以打工的吧！"

　　妹妹立刻恍然大悟，不再为自己没帮助她而苦恼了。

　　而今晚，我们正在美食街吃着饭，发现那个行乞的老人拄着木棍来到我们身后那桌坐了下来。我很吃惊，他正在吃别人剩下的米线！我的心中一阵酸楚。我示意妹妹回头看看他，妹妹说："他为什么不去找份工作？"

　　显然，我没有想到善良的妹妹竟会有这样的疑问，然后我意识到这是上次的事情给她的影响，原来是我把她的思维改成了这样。我对她说："他已经失去了工作的能力呀，现在谁还会用年老的人？"

　　"也对，谁都不敢用他了。刚才我还以为他也是骗人的呢，结果他居然吃别人的剩饭。"妹妹遗憾地说道。

　　老人走后，收拾餐具的阿姨过来，我们便跟她聊了一会儿，聊到这位老人。原来，他年轻的时候对儿女百般刁难，还扬言不用他们管自己。老伴去世早，就剩下他一个人了，儿女都各自有了家庭，却唯独对他又恨又怕，有时候过来看他，他还会以很久没来看他为由，把儿女都赶跑。

也许，他觉得自己还有驾驭一切的能力，还有力量去约束别人，可是飞逝的不光是时间，还有身体的素质。他也早已丢失了风华正茂，丢失了野蛮霸道的资格。如果时光可以倒流，年华依旧，他一定也会悔恨当初的刻薄吧。

我对妹妹说："我觉得他这样的生活，是在为年轻时犯下的错误赎罪。不过，不管他有没有罪过，我们都应该帮助他对不对？因为我们还年轻，能让自己做对的事情。"妹妹点了点头，表示一会儿要捐给他钱。

是的，不管钱多钱少，不管行乞之人是好是坏，从今往后，我愿意伸出手去帮助别人，因为救赎的不光是他们，还有自己的人生。

当我们有资格去行善心时，又何必为他们行乞的缘由锱铢必较？

我的爱不够多

　　人们都擅长宣扬自己的爱，企图告诉别人自己付出的爱是最多的，可是在这个世界上，没有谁付出的最多，只是谁付出得更多。而那个付出更多的人一定不会到处宣扬自己的爱，只有真正也爱着他们的人，才会注意到这些默默无闻的奉献者。

　　11月25日，圣诞节前夕，某教堂里传来朗诵赞美诗的声音。老牧师在这里已经连续主持了一个礼拜的婚礼。

　　满头白发的老牧师在微微的灯光下显得格外疲惫，这场婚礼在夜晚举行，双方亲属寥寥无几，气氛相当平静。

　　老牧师把目光锁定到两位新人身上，这是自己要主持的最后一对新人，新娘、新郎的装扮非常朴素，看得出，他们的生活并不好过。老牧师已经累了，他希望这场并不热闹的婚礼能够早点结束。

　　简洁而神圣的仪式在老牧师的指挥下匆匆进行着，他例行公事地问出了每一个婚礼上都不可或缺的话语："先生，您爱您的妻子吗？愿意守护她一生一世吗？"

　　"我不能够确定……我觉得自己不够爱吧！"新郎结结巴巴地说出了这句话，全场的家属们和老牧师都安静了下来，本来老牧师接下来会说："好的，请向上帝发誓，您将爱您的妻子一生一世，不论生老病死……"可现在他一时竟不知道该接什么话。他看到新娘的身体微微地一震，随后又恢复了平静，显然新娘也没有料到自己即将结婚的丈夫竟然说不够爱自己，但转瞬间，她便理解了丈夫的意图。

"我并不知道自己是不是足够爱她，我只知道，她每一天都全心全意地爱着我，而我对她则是一种依恋。从见到她的第一面起，我就知道自己的余生要和她一起度过了。我们必然会携手度过剩下的日子。我难以想象离开她的生活会变得怎样，但我仍然记得她曾经在我们最困难的时候，毫无怨言地陪在我的身边，我在外打工挣钱，总是一身疲惫和沮丧，她却一脸笑容地迎接我。"新郎打破了沉默，深情地说。

老牧师主持过无数场婚礼，却没有一位新郎说这些话。"当我们没有钱吃饭了，她就拿出仅剩的面包让我吃，还撒谎说自己已经吃过了。当我没有钱给她买高跟鞋和高档衣服的时候，她却撒谎说自己就是喜欢穿朴素的衣服。我为她赐予我的一切恩惠而感动，我知道，就算我用余生来为她而努力，也无法对得起她为我付出的感情和生命。所以我觉得和她的爱相比，我的爱什么都不是，我所投入的感情太渺小。和她的爱相比，我的爱真的不算什么！"

他深情地牵过新娘的手，试图安慰已经满脸泪水的新娘。老牧师把脸转向新娘，问道："尊贵的小姐，请问您爱站在您身边的这位先生吗？"其实，老牧师知道，自己已不需再问了。

"我也不知道……"新娘的回答更让在场的人一愣，因为新郎已经告诉大家她是那么地爱他了。

"他其实很爱我，他在每一个夜晚都为我暖手，在我们没有钱买汽车、房子和高档服装的时候，他甘心花费许多休息的时间陪我散步，陪我从公园走回家，耐心地陪我挑着地摊上的服装。他总是赞美我是最美的，他说我是天下最好的女人。当我们点起蜡烛，尽管桌上只有白开水和面包，可他看我的眼神依然比所有的时刻都迷人。我们很穷，却有一份纯真的感情。我相信他会让我过上好日子，在此之前，我一定会陪在他的身边，这种感情也许不是爱那么简单吧！"

教堂里响起了悦耳的歌声，每一声都是在向他们两个人祝福。人们不知道，有时候爱并不是说说就算了，那些做过的事情远比所谓的爱更加珍贵。老牧师庆幸自己主持了这场婚礼，这么长时间以来，这对新人是最让人感动的。

我知道，我给予别人的爱也不够多，倘若不是站在别人的角度看待这个问题，我还一直以为自己付出得足够多，值得别人也为我付出一辈子。

情人和知己

看到《失恋33天》和《我爱男闺蜜》等热播影视剧后，我们总希望自己身边有一个"王小贱"，有时候他是闺蜜，有时候他是爱人，可事实上，没有人可以把两者的关系分得清楚。

如果友谊中加入了爱情的元素，我们会变成什么样呢？许多人都会问一个问题："男生和女生之间有没有真正的友情呢？"答案不可知，模糊难捉摸。

我们身边总有那么一个异性知己，你可以和他说任何话，他可以为你排解心中的烦恼，只是你们不能在一起。并不是你们不爱对方，而是若谈了爱，这种情谊就消失了。

他们又相约在一起打羽毛球，几个回合下来，他输得很惨。这不是往常的他，她心中马上意识到了问题。休息的时候，他坐在台阶上，手里点着一根烟，却不见他抽。她拿着一瓶水递给他，问他："你今天怎么了？心情不好吗？发挥不正常，行为也不正常！"

"我失恋了！"他简短地回答。

"嗨，我还以为是多大的事儿呢，不就失恋了嘛！你这么好的男生到哪里找不到一个好女生？她对你本来就不好，耗费了你的钱财和精力，还不真心对待你。我早就说让你离开她，你就是不听，现在知道了吧？"她假装轻松地安慰着他，希望他可以不为情所困。

他们放下球拍，说起这段感情。他回忆起许多过去和前女友在一起做的事情，连细节都记得非常清晰。她就在一边劝他，爱情就是要拿得起，放得下！原本失落的男孩，在她的安慰开导下，心情变得好多了。男孩突然发现，自己的身边不就有一位陪伴着自己的女孩吗？

她身材苗条，活泼开朗，最主要的是她能够在身边宽慰自己，善解人意，自己怎么忽略了她呢？

两个人并肩回家的时候，他突然就冒出了一句："你能做我的女朋友吗？"她先是一愣，随后脸就红了。认识了这么多年，两个人这么合拍，她又想起了那句"男生和女生没有真正的爱情"，可是自己或许真的是爱着他的吧！于是，她抬头迎上他的目光，笑着说："为什么不可以？"

就这样，他们正式开始了恋爱，朋友们纷纷祝贺，人人都说："你们早就应该在一起！"他们也这么想，也觉得身边这个人就是一直忽略的命中注定。

可是，当他把她看作女朋友，她把他看作男朋友的时候，他们的情感逐渐发生了变化。她开始为他牵肠挂肚，担心他吃得好不好，睡得好不好，越来越黏着他。最后连让他约见哥们儿的机会都剥夺了，她开始为他的一句话语气不好就生气。

他也变得不一样了，责怪她不分地点场合地和别的男生说说笑笑，她的郁闷被他看成无理取闹。他开始不像从前那么娇惯她。而这样做就像恶性循环，越不娇惯她，她就越生气。

直到有一次，他们因为一件小事争吵不休，他宣泄了所有的抱怨，说她不够温柔，不懂得善解人意。可他当初正是因为她的温柔和善解人意才爱上她的。她哭泣地指责他不懂自己。爱情从此破碎，两人分手了。

数年后，他们都有了新的恋爱对象，彼此早已忘记那段不好的回忆，试着慢慢接触。他对她说起了买房子结婚的事情，她向他询问该给未来的孩子取什么名字好听。他们仿佛从来都只是知己，没有爱过一样。

我想，他们并非忘记了那段感情旧事，而是默契地觉得做知己才能更好地走下去。有时候，知己和情人并非一种概念，它们相差得其实很远很远。

我一直都在

　　不知道是不是物以类聚的缘故，朋友间总会遇到两个人同时喜欢上一个人的事情。这种事情先是会破坏两个同性之间的感情，继而也会让被喜欢的人感到尴尬，即便被喜欢的人喜欢上其中一位，也不好意思再接受了。

　　大二开学的第一堂计算机课是大课，几个专业在一间教室里上课。上完课，我们带着惯有的面无表情回到宿舍，我拿出手机开始看电影。老大去洗衣服了，老二在背英语单词，老三突然推开门一声嚎叫，顿时把我看电影的闲情雅致都驱散了。

　　我鄙视地问："又怎么了？"平时宿舍里就她最欢实，这回一惊一乍的恐怕又是遇到了什么怪事吧！

　　"哎，你们知道吗？我今天在计算机课上遇见了我的男神！他真的太帅了！你们一定要帮我！"她的话给一向低调的宿舍带来了转机，如果这次帮她接触男神成功，那以后我们宿舍就可以少了一个吵闹的人了。这个忙我帮定了！其他室友听说了这件事情，本着好奇的心理也表示支持。

　　我们多次向她询问那个男神叫什么名字，长什么样，她都不肯告诉我们。只是说如果成功了，再告诉我们。

她让我们帮她写一份感人至深的情书，用最娟秀的字体把最动人的语句写在上面。她说这是为了让男神觉得她并非肤浅的小女生，而是懂得情趣和文艺的博学才女。

舍友们开始布置任务，我平时读的书稍微多一些，所以信的内容归我。老大的字写得好，写信交给老大，其余的姐妹们负责打扮老三。

经过一个礼拜的努力，情书完成了！她们读过后，都纷纷表示被深深地打动了，老四还不怀好意地问我："你是不是有心上人了呀！"

"别胡说！"我在慌忙之中否认了，可她们还是一个劲儿地笑话我。也许，是我不够坦白吧！喜欢上那个男生，却从来不敢说。或许人家有女朋友了呢，我总是这样对自己说。当我替老三构想这篇情书的时候，就把自己当成了女主角，把他当成了男主角。可我知道，他是他，我是我，我们没有交集。

好消息终于传来了！老三成功地获得了男神的青睐，男神说自己被那封情书打动，说自己这么多年来被女生追求无数次，从未觉得这样真实过。他们就这样在一起了。男神提出请我们吃饭，全宿舍的人都兴致满怀地精心装扮着自己。我也高兴得合不拢嘴，因为我从未想到自己的情书可以感动别人。

当我们在餐厅相见时，我愣住了，他就是我喜欢了三年的人！也是我的高中同学。他不认识我，是我一直苦苦地暗恋他。这是缘分吗？竟然用我对他的思念成就了室友的情缘！

　　他看到我们走过来，非常礼貌地招呼着我们，我也假装是第一次遇见他，笑着打招呼。那顿饭他们几个说说笑笑，只有我沉默不语。他们笑我是羡慕有情人终成眷属，笑我不敢说出自己的爱。

　　我一直都在他的身边，他却从来都不知道我。但是当我看到他笑得那样开心，我又觉得这件事情也许做对了。他们相互爱恋，我只是单相思，为什么不成全他们呢？他开玩笑般地对我说："别不开心了，等以后我介绍个好男生给你。我看你有点眼熟哦，我们是不是见过？"

　　我摇摇头，心里却在告诉他：我们没有正式见过，不过我一直都在你身边。也许，每个人心底都藏着一个不可能的人，不知道为什么就愿意为他牵肠挂肚，希望他能够过得好。就算自己一直都在，也不让他知道，只是想让他开心得像个孩子。就像我静静地看他搂着室友，笑得毫无杂质。

一场惊吓

我家附近有一个小商铺门脸，多年来经常换主人。记得小时候，我们总是在这里吃早点，还以为这里永远都是吃早点的地方。后来这里变成了商店，我们总是在这里买零食吃，好像这里从来没有过早点摊。如今，这里变成了理发店，我们又把商店的模样忘干净了。

理发店的主人是一个近40岁的女人，短发，偏瘦。每次我来这里理发，她都开心地迎接我，我也不明白她为什么总是很开心，我每次来的时候她都在和别人笑嘻嘻地聊天。

由于这家店价格公道，服务态度又好，生意一直很红火。来这剪头发的人往往要排好一会儿的队伍。她有两个徒弟，也跟着忙前忙后，从来不偷懒。如果顾客多的话，两个徒弟就会请顾客去一边的长椅上休息，递上报纸，端上开水。

她总是一边干活，一边和屋子里的客人们聊天说话，顾客就不会觉得自己是在排队，而是在和几个朋友唠家常。

"一会儿该您了，姐姐。"小徒弟比我小两岁，一直叫我姐姐。她示意我过去洗头，态度十分谦恭。

　　我洗过头发，坐在椅子上，让她给我剪个稍短一点的头发。她冲我点了点头，开始修理我的头发。她不时地问我工作上的事，还向我咨询一些我可以回答的问题。旁边的顾客偶尔也插句嘴，这里的气氛根本不像刚认识的陌生人之间的聊天。

　　我惊讶于陌生人之间的这种熟络，有时候连和熟人都不敢说的话，竟然在这里毫无防备地就说出来了。不一会儿，我的头发就剪好了，可我并不想马上离开，毕竟家里面冷冷清清，倒不如这里显得热闹呢！

　　索性又坐回了刚才等候区的位置上，和一屋子的人聊起天来。也不知道为什么，我开始不停地打嗝，一个接一个，弄得一直和我聊天的人都有点不好意思和我说话了。我自己也很难为情，可又不好意思出去买了水再回来专门聊天。

　　"你是不是没给钱？上次你就是这么走了。这次难道又想赖账不成？"老板娘冲着我这边喊了一句。我身边都是没剪过头发的顾客，只有我刚刚剪完，这话分明就是对我说的。我条件反射似的掏兜，却发现自己身上带来剪头发的钱没有了。

　　我努力地回想刚才，我确实把钱给那个小徒弟了，就算我光顾着聊天，也不可能赖账呀！我要是那样的人，又怎么可能再有脸来这里剪头发呢！这种莫须有的栽赃让我气愤不已，我的脑袋一下子嗡嗡作响，一股无名的怒火在胸中燃烧起来。

　　周围的人都在看着我，我着急地冲老板娘解释道："怎么可能？我还不至于付不起这点剪头发的钱吧？我刚刚给你家小徒弟了，不信你问她！"我试图找那位小徒弟给我作证，却根本找不到她的身影。这下我更着急了："大家都街坊四邻的，你不能这样冤枉我吧？再说，我上次和这次都付过钱了的。"

"你再好好想想，我怎么会记错呢？"老板娘愣是冷静得让我快抓狂了。这时，小徒弟从外面拿着一瓶水回来了。

小徒弟径直向我走来，对我说："现在不打嗝了吧？我们老板娘用这招治过好多打嗝的顾客，哈哈。"其他顾客好像也明白了这是怎么一回事儿，跟着哈哈大笑起来。

"好啦，看来真是我记错了，这瓶水就当是我向你赔礼道歉吧！"老板娘好像根本没把刚才我抓狂的那一幕放在心上，笑嘻嘻地对我说。

我这才明白，老板娘为了让我不尴尬地一直打嗝，不惜自毁形象，用惊吓法治了我的打嗝后还向我赔了不是。我想，这就是她的理发店能有这么多顾客的缘故吧！

第八章
CHAPTER EIGHT

有一种爱使人勇敢

　　如何才能不枉此生？这一直是我琢磨不透的问题。人生已经对我如此抬爱，难道我要还以一个面容憔悴的自己吗？每次想到这个问题，我就感到一丝丝不安。

　　也许，我不该深究所做的事情合不合逻辑，有时候，我愿意付出代价去完成一件看起来无用的事情，却不愿意花很多时间去做一件貌似有价值的事情。请别问我为什么，我只知道我快乐。

　　假如我的灵魂与我同在，它也一定会支持我吧，在茫茫人海中做几件毫无用处的事情，去衬托自己的存在感。

不必问合不合逻辑

周立波说过："你不疯，不闹，不任性，不叛逆，不逃课，不打架，不去玩，不K歌，不通宵，就为了学习，请问你这样的青春是喂狗了吗？"当然，这样的玩笑话有些过激。但是不难看出，当我们单纯为了利益而放弃自己的意愿，是一件多么不值得的事情。

当我们在苦苦地为学业、事业忧愁的时候，时光正不留痕迹地溜走。回过头时才发现，我们在最宝贵的时光里，为了所谓的明天过得更好，没有做过一件令自己开心的事。每当我们想去做一件事情时，就会发现工作不允许、资金不允许、家庭不允许。却不曾想过，我们都在为明天而活，而明天到底是哪一天呢？

网上有一则笑话：我们小时候想出去玩，父母不让去，因为要完成堆积成山的作业；长大了在家里呆着，父母总问我们为什么不出去玩。可我们这个年纪有那么多背负的烦恼，还哪有出去玩的兴趣？

是啊，当我们把希望寄托于未来时，有三个问题没有想过：一是等到我们可以实现愿望的时候，还会不会真的有心情去享受；一是等到我们有资格实现这个愿望的时候，会不会有更大的愿望迫使你继续放弃它；最后一个就是风雨无常，世事变化，我们是否可以活到明天。

Beyond乐队是香港乐坛的灵魂乐队，主唱黄家驹被世人称赞为音乐天才。1993年的日本之行，意外结束了黄家驹年轻的生命。这件事不仅给广大歌迷带来了沉重的打击，同时也让乐队成员承受了巨大的痛苦。

很多年后，乐队成员黄贯中在一次访谈中这样说道："他（黄家驹）以前经常跟我讲，希望去刺青，不只我，整个团队都劝他不要刺，他每次想去，我就跟他说'身体发肤，受之父母'这样一堆垃圾道理，后来没办法了我就跟他说：'你不要在身上刺，我帮你画，画了后来又可以擦掉，多好'（黄贯中是香港理工大学设计专业肄业，擅长绘画）。所以他永远要求我用原子笔在后台帮他画，'帮我在这里画一个骷髅啊一个玫瑰啊，这里希望有闪电。'好，我帮他画，这样他就不用刺了，每次登台前我都按他的意思帮他画好多刺青的图案，看上去好像他身上有好多刺青，其实没有一个是真刺的。"

黄家驹不幸与世长辞，黄贯中变化很大，他说："我最大的改变就是觉得只要自己喜欢，我就做，我管你。他当年那么想刺青，没有刺，结果他走了之后，我就马上去刺一个，而且越刺越大，但第一次跟第二次刺相隔十年。"

人生在世，谁也不是先知，我们无法得知未来的命运，为什么不痛痛快快地勇敢一次呢？假如，黄家驹有生之年真的刺了自己喜欢的刺青，那他该有多开心呀！可理智又在提醒他"身体发肤，受之父母"，于是他又妥协了。这样的遗憾每天都在发生，我们究竟是被什么东西给束缚住了？舆论？道德？理智？为什么人越长大就越变得不像自己？因为我们太过于在意真理，在意名誉，在意利益。可明明很多事情就没有理由，明明正是这些说不清楚的事情总是带给我们快乐和自我。

"没有谁能把未来猜测透！不然怎么会自酿一杯苦酒！"诗人汪国真也这样说过。我们为何不好好把握当下呢？或许把握当下并不能成为你改变生活的一笔，但最起码会是你重回自己的见证。

请聆听内心深处的呼喊，不必问所做的事情合不合逻辑，不必问这样做有什么好处，不必问这件事会不会损失什么。因为很多事情现在你不做，以后就再也没机会了。在有机会、有条件、有能力完成的时候不去做，就一辈子也不会做了。

不必问合不合逻辑，趁我们还有机会，就算是蠢事，也要给自己一个交代，才不枉此生！

有一种爱使人勇敢

很难想象，朋友对我说的这件事情是真的，但它真实地发生了。我只能说，这种事情听着让人心疼，上帝怎么不给善良的人们一些特权呢？比如让他们活得长一些？

朋友笑着说，他的父亲不是已经坚持到儿子出生了吗？如果上帝真的无情，又怎么会等到他完成自己的心愿才把他带走？

这件真实的事情发生在朋友工作的医院里。那是一个大雪纷飞的日子，窗外寒风呼啸，医院里的护士却忙得冒出了汗。妇产科的医生和护士正在进行一场特殊的接生手术。躺在手术台上的孕妇距分娩还有两个礼拜，医生们并不建议她现在就把孩子生下来。

早上，医生还在顾虑孩子的健康，如果孩子是早产儿，那么就意味着可能会因为月份不足而羸弱多病，如果提前两周催产，对大人也有非常大的危险。可孕妇却着急地自己签下了保证书，并且找来证人，说明如果出事了与医院和医生没有任何关系。医生见她苦苦哀求，便想给她做思想工作。

"医生，求求您了，我是真的希望现在就把孩子生下来的！孩子他爸现在正躺在重病监护室，他患了癌症，危在旦夕，如果我现在不能让他亲手抱一下自己的孩子，那对于我们三个人来说都是一种遗憾！"孕妇的情绪有些激动，她抓着产房的医生说道。

"可是，您这样的情况，危险系数非常大，而且如果孩子月份不足就出生，会导致他以后体弱多病的。您还是考虑考虑吧！"医生为难地向她解释着。

"我现在非常坚定地想要把孩子生下来，不管有什么困难我都可以克服！"孕妇变得异常坚定，医生最终答应了她的请求，并要求她保证如果出事不能找医院的麻烦。

医院产科的楼道有些拥挤，但却非常安静。得知这次特殊分娩的人们都在心中默默地祈祷，为这对母子和那位命在旦夕的她的丈夫祈祷。时间一分一秒地过去了，房门外的人们，熟悉或不熟悉的面孔上只有一种表情，就是紧张而严肃。

当婴儿响亮的哭声穿过门板传到外面时，外面的人都感动得流下了眼泪。这时，院长赶了过来，吩咐护士赶紧将孩子和大人包裹得严严实实，送到二层某间病房，小家伙的父亲正在那里等着呢！

父亲那苍白而憔悴的脸上终于有了一丝笑容，他用自己虚弱的手臂接过自己的儿子，泪水一下子就流了下来。他亲吻着儿子的额头，伤感而幸福地对儿子说："孩子，我坚持了这么久，就是为了看你一眼。可是，医生说我再也活不过这个星期，所以原谅爸爸和妈妈擅自做主把你提前迎接到这个世界上来。看到你，实在是太好了，尽管爸爸就要离开了，但请你以后不要忘记我，好不好？"他说完这句话，他冲着妻子微微一笑，闭上了眼睛。

在场的人们都哭了，人世间总会有遗憾，但哪一种遗憾都比不上这种！孩子的妈妈在一边早就泣不成声，可当她抱过自己的孩子，又变得坚强起来，她对孩子说："你已经被爸爸抱过了，你是幸福的孩子。你非常地勇敢，为了能和爸爸相见，竟然熬过了生死之门，往后的日子，妈妈一定会陪你坚强地走下去的！你也要像爸爸一样坚强！"

　　谁也不知道，我们的出生意味着母亲极度的痛苦，和父亲极度的煎熬。这个世界上有一种爱，教人勇敢，不畏生死。

不是不想放弃

俞敏洪曾经在讲座中谈到：人生就像马拉松，只要坚持下去，就能到达终点。他说，他每年都会带领员工去徒步50公里，有些员工刚开始的时候兴致很高，大家说说笑笑，可是越走越吃力，由于体能和精神被过度消耗，许多员工有了放弃的打算，甚至有些员工都走哭了。

人生也是一样，你开始上路的时候总觉得满怀信心，成功就在不远的地方，可过程是非常折磨人的。当你走过一半的路时总会想放弃，可你回头看一眼，却发现自己又走过了一段很长的道路。50公里的徒步跋涉让许多员工都痛苦不已可俞敏洪鼓励他们说，当你站在25公里的地方时，你往前走也是25公里，放弃前面扭头往后走的话也是25公里，为什么不向着胜利的方向走呢？

有时候面对选择继续还是放弃时，不是我们不想放弃，而是站在一个特定的位置，让我们根本停不下。如果我们肯坚持走，就会赢得最终的胜利；如果往回走，那就意味着还要从头开始；如果停在原地不动，就会被许多人超越，并且得不到任何利益存在。

我们在人生路上也许已经迈出很远的路程了，假如要我们回去已不可能，那为什么不能勇敢地向前呢？

如果我们知道前方就是胜利，就在不远的地方，那我们一定会奋力去追。你在距离成功很近的地方放弃，那么之前所做的努力就白费了。倒不如坚持住，不管最后胜利还是失败，都更好地去努力，也让自己无悔无怨。

有人问，要是走到了一半的时候，突然发现这不是自己想要走的路，究竟该不该回头？其实，不管走哪条路，总会有持怀疑态度的时候，有时候连自己都不了解自己，又怎么可能一下就找到自己该走的路呢？

不管做什么，都会有遇到瓶颈的时候，要是每次遇到瓶颈就说自己不适合这条路，那么可以说没有一条路是属于你的。只有坚持住，并达到一个顶峰的时候，才有资格说什么路适合自己，什么路不适合自己。凭空想象，什么意义都没有。

就算这是个游戏，你不闯过，也无法进行下面的关卡。放弃眼前这条路，就意味着放弃了前面为此路而牺牲的人生，而人生又是那么珍贵，不可重来。

所以，走在路上25公里处时，我们应该思考后退的疼痛，思考为此牺牲的身体和精力，思考该不该以放弃作为结束。

大爱无疆

　　屠格涅夫写过一篇小短文，说有一天他走在大街上，一位衰弱的老人挡住了他的去路。老人面色苍白，眼睛红肿，嘴唇发青，衣着褴褛，老人向他伸出一只肮脏、红肿的手，希望得到施舍。

　　他伸手摸进自己的口袋，却发现自己什么都没有带，没有钱包，没有手表，就连一块手帕都没有。但那位老人一只在等待着他，老人的手在空中无力地摇摆着，发着抖。

　　屠格涅夫惊慌失措，尴尬地看着那只肮脏、战栗的双手。他很抱歉地对老人说："请见谅，我什么也没带，兄弟。"

　　老人听了他的话，红肿的眼睛里掠过一丝欣喜，他对屠格涅夫凝视了好久，握住他的手说："哪儿的话！您肯叫我兄弟已经是对我的恩惠了！"

　　也许，老人行乞数年，得到过很多施舍，却从没得到过这样的尊重。我们知道，帮助一个人，要尽己所能。屠格涅夫没有钱和财物给老人的时候，就给了老人尊重，老人也因此得到了安慰。

　　其实，帮助别人，并没有特定的准则和要求，大爱无疆，也是说博大的爱是没有边际，没有规定束缚的。

或许，一百块钱对于许多人来说并没有多么重要，也就是吃一顿饭，解解馋的价格。可是，对于一个快要被饿死的人来说，一百块钱就和一条命等价。几万块钱对于许多人来说，仅仅是几件衣服几个包包的价格，可对于一个创业青年来说，这可能就是改变命运的价格，与成功等价。几十万块钱对于大部分企业家来说，也许只是九牛一毛，可对于急需读书的学生来说，就是未来的希望。

我们也许做不了什么惊世之举，也许我们在自己的事业上总是失败，可如果我们帮助了别人，让别人获得了成功，不也是自己的善心成功的表现吗？

有一种交换游戏，就是把我不要的东西和别人交换，换得自己想要的东西，一举两得。人生也是如此，你需要成长，他需要帮助，把自己能够赋予他人的东西奉献出去，帮助需要它们的人，那我们就是双赢的。

如果我们拥有一屋子的财宝，却没有任何用处，倒不如把它交给需要的人。千万不要以为这是损失，也许正是这样的奉献，会带给我们不一样的转机。

好运和大爱是同种属性的事物，运气不由我们定，但是爱由我们掌握。只要我们跟随爱的脚步，好运也会如约而至！

那奋不顾身的自己

我们在很小的时候就已经被教育"要成功"，好像只要成功了，就什么事情都可以解决了。在还不明白所以然的时候，我也曾一度希望不择手段地获取成功。但是那个做事奋不顾身的自己，真的可以凭借自己的力量获得成功吗？

许多个在外漂泊的季节，让原本对生活信心满满的人变成了独自在外，一包花生米、两瓶啤酒，喝得烂醉都不敢回家的打工仔。他们渴望喝醉，那样就可以梦见自己已经衣锦还乡，梦见自己的老爸老妈因自己的成功而高兴得合不拢嘴，梦见自己正坐在自家的屋子里和朋友们高谈阔论。

可是当梦醒来，他还是在工地上打工的人。他是失败的吗？他凭借自己的劳动能力赚取自己应该获得的钱，为什么别人会把他当作失败者？为什么他那么渴望当一个成功者？究竟成功者的标准是什么？

领导给我们开会，谈到了这个问题，他表示自己过去曾是个不可一世的家伙。在所有亲朋好友面前，数他最厉害，年薪最高，成就最大。所以他的内心也是飘缈的，经常听不进别人的意见，身边最亲近的人给自己的忠告和提醒会被他当作恶意的嫉妒。

偶尔，他还会粗暴地打断别人的谈话，好像别人都不如他成功，都不如他懂得多。他认为别人的话都是自己的绊脚石，正是自己风生水起的时候，为什么他们要在自己的身边说丧气的话呢？纯属嫉妒。

可是，后来他失败了！因为一桩买卖，他赔掉了自己的大部分家产。身边亲近的人不但没有怪他，还都纷纷表示支持他东山再起。

在这个时候，他决定回自己的母校看看，顺便接自己的孩子放学。教室里传出朗朗的读书声，让他的思绪一下子回到了小时候。那个时候，父亲就是站在这棵大树底下，告诉他要做国家的栋梁，要在社会上做个成功人士。

他看到孩子们稚嫩的脸庞，突然意识到，如果不是父母辛辛苦苦地把自己送到学校念书，那自己别说成功了，就连吃饭都是问题。而当年有多少家庭因为交不起学费而放弃了让孩子读书的念头。他意识到自己最应该感谢的人是父母！

后来，脑海中又像电影一样，回顾了他的第一份工作，老板非常看重他，半年后就给他升职了。他意识到，如果当初老板并不赏识自己，而是赏识别人，那么自己现在也依然是个普通职员。这样的机会不是谁都可以得到，他是多么地幸运！

第一个大客户因为信任他，把好几十万元的生意交给他完成；第一次赚钱，第一次出国，第一次吃西餐……他的那么多成就原来都是别人给自己的。自己只是顺着竿子往上爬，成功并不只是自己的功劳，还有千千万万的人们在帮自己成就。

在这个世界中，没有谁是个体，没有谁可以指责别人，因为如果不是别人，谁也别想成功！所谓的成功，并非挣得钱比别人多，而是做出的价值比自己掌握的能力大！自己的父母、爱人、孩子，都是成功中不可缺少的一部分，缺失任何一项都算不上真正的成功。

纵有疾风起

　　人的一生就是旅人在走一条颇长的道路，这并非一条平坦而笔直的道路，而有着许多许多岔路口。所以，我们会遇到许多选择的机会，甚至是改变一生的机会。就好像历尽千辛万苦去寻找宝藏。有的人因为选择对了，找到了宝藏，就可以衣食无忧。有些人事先把自己所带的东西用完吃光，却发现自己选择了错误的岔路口，根本没有找到宝藏，后悔一生。

　　有些道路也许是不平坦的，但如果不走过坎坷的道路，我们就再也踏不上正确的人生道路，永远停滞不前或误入歧路。有些人一辈子喜欢走平坦的道路，觉得无风险多好，实际上，他并不知道自己脚下的路已经越来越窄，走进了一个死胡同。无论他再怎么挣扎，再怎么努力也于事无补。

　　有些人选择的道路看似颠沛流离，可是越走越宽，越走越远，终于找到了一片自由而富裕的地方，幸福得度过往后的日子。

　　所以，今日的狂风暴雨说明不了谁是失败者，谁是成功者。人生路上，纵有疾风起，也要更加勇敢地面对，因为你的前方不一定是死胡同！

　　人的一生就比一幅自我涂鸦的画卷，因为由自己着色和描绘线条，所以很多人从一开始就疏忽了。他们或改变以为后来可以操纵自己这幅画卷，却并不知道已经画过的痕迹就不能再改变了。你画成草就是一株草，你画成花就是一束花，你画成天空就会成为辽阔的天空。

　　人生就像流水，偶尔缓缓流淌，偶尔奔腾咆哮。人生就像一座山峦，有些地方平坦，有些地方跌宕。我们可以把人生比作很多很多的事物，但最重要的是我们要从内心里明白，一个真正懂得人生的人不在乎短暂的灾难。毕竟，"祸兮福所倚，福兮祸之所伏。"没有谁可以一直胜利，也没有谁永远处在低谷。只要摆正自己心态，一切困难都可以迎刃而解。

追求"弱"的人

　　有一种人，他愿意放弃所有，重新从高高的职位撤下来，变成一介市井小民，穿着不讲究，饮食不讲究，却简单快乐。

　　他们是追求"弱"的人。也许，他们曾经家财万贯，曾经享誉京华，但他们不再想要那样的生活了。也许，你的身边会有一位整天笑嘻嘻的老人，不拘小节，和大家打得火热，却从来不说自己过去拥有过怎样的生活，那么他曾经一定得到了什么。

　　当婴儿刚来到这个世界的时候，他是哭着的，双手紧握的。因为他来的时候，什么都没有带来，什么东西都需要别人给予他。所以他懂得珍惜，想要抓住所有得到的一切。当老人去世的时候，他是平静的，双手摊开。因为他来到这个世界上，什么都经历过了，什么都拥有过了，是时候放开手离开。

　　我们都会经历一个从无到有，再从有到无的过程。就好像出生、生活、死亡一样，永远如是循环。有些人得到了，看透了，放手了，便赢得了离世之前的那段快乐日子。

　　有些人苦苦追求了一辈子还觉得自己得到的不够多，贪心不足，在去世之前还一直觉得不满足，于是悔恨终生。

其实，并不是别人安排了自己的人生，并不是上帝不想让你过上好日子，而是自己不知足，不懂得舍得，不懂得珍惜。

追求"强"是一种境界，追求"弱"是比追求"强"更高的境界。所以，千万不要小瞧每一个穿着朴素、面带微笑的人，他可能曾经非常优秀，境界极高。

我们都希望自己是那个拥有大智慧的人物，却不知道从无到有、从有到无需要经历多少年月，所以许多人总是埋怨上帝不给自己机会，很多人觉得自己永远一事无成。

花朵并不是在同一个季节开放，所以才让世界更加美丽。我们只是小小的花骨朵，又怎么企图和那些已经盛开过的果实相比呢？那些果实不绚丽，并不是他们变得"弱"了，而是他们早已绚丽过。

顺应天意

　　有些事情不是我们能掌控的，可我们却总是不自觉地去惦记。我们总是希望改变别人不同于自己习惯的行为，希望改变别人的思想和认知，希望得到别人对自己的认可。可是没有谁真正可以改变谁，也没有谁可以动摇什么，只有自己改变自己。

　　其实，世界上本没有什么烦心事，只是人们总把一些原本很简单的事情想得非常复杂，以至于根本无法解决，还要抱怨这个世界如此不堪。

　　美国华盛顿广场的一座宏伟建筑遭遇了前所未有的难题。这座宏伟建筑是杰弗逊纪念馆大厦，由于久经风霜摧残，大厦表面的外貌已经变了样，成了陈迹斑斑的破旧大厦。

　　政府部门有人提议，说这座大厦是为了纪念杰弗逊的，不应该这样陈旧，没有庄严的气势。于是，政府特派专家进行调查，看看导致大厦变样的原因是什么。

　　专家回来表示，调查结果非常复杂。刚开始，以为是多年的酸雨侵蚀了建筑物，但后来发现酸雨并不能造成这么大的危害，一定另有原因。经过最后的认定，发现变样的真正原因竟然是保洁人员每天对它的清理。

保洁员冲洗墙壁所使用的清洁剂对建筑物有强烈的腐蚀作用，而这座大厦每天都被冲洗许多次，所以腐蚀得非常严重，导致其竟变了模样。

可是，保洁人员为什么每天都要冲洗这座大厦呢？因为大厦的墙壁上总有大量的鸟粪，弄得非常脏。为什么大厦会有这么多鸟粪呢？因为有许多燕子在这里群居。而燕子为什么喜欢在这里聚集呢？是因为建筑物上面有许多燕子爱吃的蜘蛛。为什么这里会有那么多蜘蛛呢？因为蜘蛛喜欢吃飞虫，而这里的飞虫特别多。为什么这里飞虫特别多呢？因为这里的尘埃非常适合飞虫繁殖。为什么这里的尘埃那么适合飞虫繁殖呢？因为这里的尘埃在阳光照射下形成了一种特殊的刺激，专门有利于飞虫繁殖加快。而众多的飞虫聚集在这里，蜘蛛当然就会变多了。蜘蛛多了之后就成了燕子的"餐馆"。燕子吃饱了之后，就顺便把这里当成了厕所。

这么复杂的事情究竟该如何去解决呢？愚笨的人一定会苦思冥想，希望能想出彻底解决的办法来。而聪明的人则会把自己的窗帘拉上，不再天天冲洗大厦，从此杰弗逊纪念馆大厦完好无损！

在这个世界上，有太多不合逻辑的事情存在。如果对每一件事都刨根问底，都钻牛角尖，那苦恼的人一定是自己。

世界之大，无奇不有。既然如此，那么发生怎样的事情都没必要惊讶，奇迹每天都在发生，烦恼也每天都在生长，为何要让那些庸人自扰的烦恼影响我们珍贵的一生美好？